STRUCTURAL DESIGN OF WOMEN'S WEAR

女装结构设计

（下）（第三版）

主　编　阎玉秀

副主编　章永红　沈婷婷　陈明艳

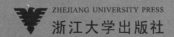

ZHEJIANG UNIVERSITY PRESS

浙江大学出版社

图书在版编目（CIP）数据

女装结构设计.下/阎玉秀主编.—3版.—杭州：
浙江大学出版社，2021.8
ISBN 978-7-308-21114-7

Ⅰ.①女… Ⅱ.①阎… Ⅲ.①女服－结构设计－高等
学校－教材 Ⅳ.①TS941.717

中国版本图书馆 CIP 数据核字（2021）第 036862 号

内容提要

本书为现代服装设计与工程专业的系列教材之一，必须与《女装结构设计（上）》结合才能形成完整的女装结构设计体系。

本书根据女装的款式与结构特征，将服装分为连衣裙、衬衫、套装上衣、背心、夹克、外套等六种，详细阐述各类别基本款式的结构设计原理与方法，然后根据各类别服装中常用的领子、袖子、大身等具体阐述其结构设计变化原理与方法，最后对各类别款式进行结构设计运用。本书在最后一章节增加了综合案例分析环节，通过打通款式分类，进行灵活运用。

本书具有抓住规律、重视基础、系统全面、分析透彻、开拓创新、规范标准、突出重点、简明易懂、理论联系实际、适用性强等优点。在阐述基本原理及方法的基础上举例说明，力求图文并茂、科学精炼。举例所采用的款式不仅具有代表性，而且具有时代性。

本书适合作为高等院校服装专业的教材，也可供服装企业专业技术人员及服装业余爱好者阅读与参考。

女装结构设计（下）（第三版）

阎玉秀　主编

责任编辑	王　波	
责任校对	吴昌雷	
封面设计	春天书装	
出版发行	浙江大学出版社	
	（杭州市天目山路 148 号　邮政编码 310007）	
	（网址：http://www.zjupress.com）	
排　　版	杭州好友排版工作室	
印　　刷	浙江省邮电印刷股份有限公司	
开　　本	787mm×1092mm　1/16	
印　　张	17.25	
字　　数	430 千	
版 印 次	2021 年 8 月第 3 版　2021 年 8 月第 1 次印刷	
书　　号	ISBN 978-7-308-21114-7	
定　　价	52.00 元	

浙江大学出版社市场运营中心联系方式：（0571）88925591；http://zjdxcbs.tmall.com

前　言

　　款式设计、结构设计、工艺设计是服装设计的三大基本程序。服装结构设计是实现设计的重要中间环节，它是根据服装的款式效果图，研究服装各部位的形态及相互关系，根据选用的面辅料确定服装的相关规格尺寸，然后用科学合理的分解方法，使服装结构图解化，即把立体的、艺术性的设计构想，逐步变成服装平面或立体结构图形，最终达到服装的舒适性、功能性和美观性等功能。服装结构设计既要实现款式设计的构思，又要弥补其存在的不足；既要忠实于原款式设计，又要在此基础上进行一定程度的再创造。它是集技术性与艺术性于一体的设计。

　　服装结构设计是服装专业教育中不可或缺的主干专业基础课程。由于女装款式变化多，结构设计复杂，所以各大服装院校往往在女装结构设计上花较多的课时数进行教学。虽然每个学校在安排教学内容先后、课时数大小上有所不同，但女装结构设计总体可分为两块内容，即结构设计基础与结构设计理论综合运用两部分。在《女装结构设计》上册中主要介绍了女装结构设计的基础知识及女下装的结构设计；在《女装结构设计》下册中将根据女装的种类，详细阐述各类别基本款式的结构设计原理与方法，然后根据各类别服装中常用的领子、袖子、大身等具体阐述其结构设计变化原理与方法，最后对各类别款式进行结构设计运用。本书在最后一章中打通款式分类，对综合案例进行了结构分析与应用。

　　本书的主要特点有：抓住规律，重视基础，然后从局部到整体，达到举一反三、灵活运用的效果。虽然说女装款式变化多端，其结构设计为达到产品的美观与舒适，有较强的可变性。但不管款式怎么变化，都必须符合人体。为此我们抓住每一类别女装的基本款式，详细分析其结构设计原理，并阐述其结构设计变化的方法，然后再从领子、袖子、大身等局部出发，介绍其结构设计原理与方法，最后结合典型且目前流行的款式，介绍各种类型女装的样板设计。

　　本书还具有系统全面、分析透彻、开拓创新、规范标准、简明突出、方便易懂、理论联系实际、适用性强等优点。在阐述基本原理及方法的基础上举例说明，力求图文并茂、科学精炼、规范标准。举例所采用的款式不仅具有代表性，而且具有时代性。

本书由浙江理工大学阎玉秀任主编，负责全书的统稿与修改。浙江理工大学的章永红、沈婷婷和温州大学的陈明艳任副主编。全书共分七章，第一章由温州大学的陈明艳编写；第二章由浙江理工大学的章永红编写；第三章、第五章由浙江理工大学的阎玉秀编写；第四章由浙江理工大学的沈婷婷编写；第六章由嘉兴学院的李哲、徐利平编写；第七章由浙江理工大学阎玉秀、沈婷婷共同编写。

本书在第三版的修订中，杭州职业技术学院的金晶以及浙江理工大学的林剑叠、陈红给予了大量的帮助，其中金晶参与了图片资料的收集、修改与后期制作；林剑叠与陈红绘制了部分的结构图与款式图，对此表示衷心的感谢。

由于时间仓促，水平有限，错误和疏漏之处在所难免，敬请专家、同行和广大读者提出批评与改进的意见，不胜感激。

浙江理工大学服装学院

阎玉秀

2021 年 4 月

目　　录

第一章　连衣裙结构设计

第一节　概　述

顾名思义,连衣裙是指上衣与下裙相连而成的一种裙装,在我国古代被称为深衣制的服装。连衣裙是大多数女性春夏季理想的服装,裙长曳地的连衣裙曾是20世纪以前中外妇女的主要裙饰,体现妇女的行不露脚、笑不露齿的古典女德。20世纪初,随着妇女日益走出家门,裙长亦逐渐变短,产生了现代连衣裙的形象,而将裙长曳地的连衣裙作为晚礼服。

连衣裙最能体现女性婀娜多姿的体态,以它独有的方式演绎着女人的柔美、婉约与多变的风情,将女性的独特气质发挥得淋漓尽致。且连衣裙千姿百态的裙部款式与任何款式的上衣身连接,将组成变化无穷的新款式。

一、连衣裙的种类与功用

连衣裙的款式丰富,其分类方法多种多样。可按造型、松量、腰位、袖子等进行分类,具体有:

1.按造型可分为X型(收腰型)、H型(直身型)、A字型(喇叭型)等

X型连衣裙是贴身束腰、放射状大裙摆的造型,是女士婚礼服常选用的造型服装,也是少女所喜好的造型服装,能体现活泼可爱的女性风格;H型连衣裙是那种顺直、挺括的款式,它是简约派的首选,因为外形简单,直截了当,可能少了几分女性的妩媚,但仍能突出细长的窈窕美感;A字型连衣裙是身材适中的女性最合适的装扮,它看起来既简洁又婉约,没有过火的张扬感,也没有包裹的约束,而是透着自然、优雅的感觉。

2.按松量可分为紧身型、合身型、松身型等

紧身连衣裙是女士晚装礼服和夏季连衣裙常选用的造型。一般选用弹性面料,能起到线条流畅、穿着舒适、活动方便的功效,且能体现女性优美的身姿、衬托娴静温柔的女性气质;合身型和松身型连衣裙是女士春夏季喜好的造型,其功用是穿着舒适、活动自如。

3.按腰位可分为腰部无分割式与腰部分割式两种,而腰部分割式又可分为基本腰位型、高腰位型、低腰位型等

高腰设计在视觉上使人的下身显长,起到美化体型作用,并具有复古情调,更显娇媚。而低腰设计在视觉上使人的上身显得细长、苗条,同样能起到美化体型的作用。

4. 按袖子可分为长袖型、短袖型、无袖型及吊带型等

长袖连衣裙是春秋季女士服装，短袖连衣裙是初夏或夏末时节女士服装，无袖和吊带连衣裙是盛夏时节女士服装，穿着露肩露背的连衣裙既凉快又具性感美。

此外，连衣裙可经过不同的分割处理、各种褶裥造型处理，将款式变化得多姿多彩。

二、连衣裙的面辅料知识

可用于连衣裙的衣料种类较多，从轻薄的丝绸到厚重的呢绒都适用。但大多数时候是以轻薄型衣料为主。因连衣裙为女性春夏季常见服装，一般来说，轻、薄、疏、松、柔软滑爽的织物透气性强，穿在身上轻快、凉爽，是春夏季连衣裙普遍采用的衣料。各种真丝绸即具有以上特点，其中真丝双绉的透气性是呢绒绸缎的 10 倍，是夏季理想的衣服面料。各种真丝印花绸做女式连衣裙，既凉快又能体现女性的优美线条。所以，连衣裙的首选面料是华丽的丝织物，其次是朴素的棉织物、麻织物、各种混纺织物和蕾丝面料等。

春夏季衣料的选用，还要考虑到它吸湿、吸汗的功能。一般来说纯棉的织物吸水性能较好，且耐洗、耐用。目前，某些化纤、混纺织物也逐步具备了这一性能，其中富纤织物的吸水能力还超过了纯棉织物。但从流行趋势看，纯棉织物仍将备受青睐，因为如今的人们更喜欢自然淳朴的东西，回归自然将继续成为流行的主题。

麻织物被人们称作"夏季之王"，备受人们喜爱，其凉爽、清新，既有似丝一般的华丽风格，又有如同棉的耐用、耐处理的性能，因此，麻织物也是连衣裙常选用的面料。

蕾丝是英文译音，原指花边、饰边，现引申为带图纹、图案的透明或半透明的薄料，其与其他面料搭配裁剪制作的连衣裙，具有不可言喻的神秘感，使服装在露与不露的问题上产生玄妙的美感。所以，蕾丝也是连衣裙理想的面料。

此外，连衣裙面料花色除了个人喜欢外，还要根据流行趋势、穿用场合及具体款式来定。大花型，热烈、刺激、跳跃；小花型，温馨、柔美、流畅；素色，优雅、端庄、含蓄；浅色，明快、洁净、随和；深色，沉着、持重、朴实，等等。另外，春夏季连衣裙面料宜选用浅淡色，因为深色服装容易吸收太阳的辐射，而浅淡色服装穿在身上会感到凉爽。

第二节　连衣裙基本款结构设计

一、制作连衣裙基本纸样的目的

纸样设计要经过一个从立体到平面、再从平面到立体的思维过程。而基本纸样所构成的立体造型，是纸样设计变化造型形式的基础所在。因此，制作基本纸样的造型对理解服装结构设计的造型原理是至关重要的，其作用主要有如下几方面：

1. 掌握纸样设计的放松量

基本纸样中净围加上放松量，满足了人体的外包围，也满足了人正常呼吸和活动的用量，可使设计者懂得基本造型放松量是处在一种中间状态，即紧身服和宽松服的中间，从而使设计者得到服装结构设计的参数和经验。

2. 掌握基本结构造型原理

人体是一个复杂的、运动着的立体,而服装既是一种保护物,也是一种传递情感、文化、审美信息的载体。因此,基本纸样所构成的基本造型结构,应顺乎这个基本规律。基本造型的结构线使服装功能得以实现,也是对服装功能和审美结合的最初体现,它成为设计者在进行功能与审美设计时的最初结构依据。

基本纸样的造型,可以说是一种合身设计的一般状态,由此可以懂得基本余缺处理的方法、范围及穿着功能的结构设计,从而确立合理设计的基本理论。

总之,服装设计的立体造型无论变化多大,但万变不离其宗,只要在头脑中通过基本造型的印证,其设想造型的纸样采寸就被确定,使平面纸样和立体造型相一致。这种思维方法使设想和现实在基本造型的作用下很容易相吻合,这便是制作基本造型的最终目的。

二、连衣裙基本结构的两种形式

连衣裙是围包人的上下体的服装,其构成形式有两类:一类是上下连体的形式,另一类是上衣与下裙接缝而成的形式。其基本结构是由衣身原型与裙子原型结合而成,可分为有腰线和无腰线两种基本形式,下面分别展开介绍。

1. 有腰线连衣裙的基本款结构设计

本节以一款最典型、最常见的连衣裙款式为例来阐述连衣裙的基本结构。该款结构是有腰线连衣裙结构变化的基础。

(1)款式特点

根据基本造型的贴身要求和带有腰线的特征,图1-1所示为有腰线的连衣裙的基本款

图 1-1　有腰线连衣裙的基本款式

式。前衣身左右各有一个腋下省（胸凸省）、一个腰省；后衣身左右各有一个肩胛省、一个腰省；前后裙片左右各有一个腹凸省和臀凸省。为穿脱方便，开门拉链设在右侧缝，从后腋点至臀围线以上 2cm。

（2）规格设计

表 1-1 为有腰线连衣裙的基本款成品规格设计表。

表 1-1　有腰线连衣裙基本款成品规格 （单位：cm）

号/型	部位名称	后中长	胸围	腰围	臀围	肩宽
160/84A	部位代号	L	B	W	H	SH
	净体尺寸	38	84	66	90	38
	加放尺寸	48.5	6	6	4	−4
	成品尺寸	86.5	90	72	94	34

（3）结构设计（见图 1-2）

①确定裙长。连衣裙的长度比较自由，可根据款式的需要与穿着者的喜好灵活变化。该款根据效果图取腰节线下 50cm 为裙长，裙边位于人体膝盖上下。

②确定胸围尺寸。合体连衣裙的胸围放松量一般在 6～10cm，该款系无袖，取 6cm。因在原型中已放入基本放松量 10cm，故需减少 4cm，在前后侧缝线上各减少 1cm。

③确定腰围尺寸。合体连衣裙的腰围放松量一般在 6～8cm，该款取 6cm，前后腰围尺寸各为 $W/4$。

④确定臀围尺寸。合体连衣裙的臀围放松量一般在 4～6cm，该款系小 A 裙，臀围放松量取 4cm，前后臀围尺寸各为 $H/4$。

⑤画后衣身。在后衣身原型基础上，先作肩胛省，在后肩线距侧颈点 4cm 作为原点向下做垂线，取省长为 7cm，向后中方向移 0.5cm 为省尖，连接原点为省的一边，向肩点方向取 1.5cm 为省宽。该款为无领，领子略微开大，侧颈点开大 1cm，后直领深下移 0.5cm，用圆顺的线条连接后领口弧线。该款又为无袖，肩宽收掉 2cm（该尺寸可根据款式而变化）。为使袖窿处合体，在原型的基础上袖窿抬高 1～1.5cm，然后用圆顺的弧线连接袖窿。在腰围上取 $W/4+2.5cm$（省道量），然后连接侧缝。最后如图 1-2 画出省道位置与大小。

⑥画前衣身。在前衣身原型基础上，侧颈点开大 1cm，前直领深下移 1～2cm，用圆顺的线条连接前领口弧线。肩宽收进 2cm，在原型的基础上袖窿抬高 1～1.5cm，然后用圆顺的弧线连接袖窿。在腰围上取 $W/4+2.5cm$（省道量），然后连接侧缝。在侧缝上取后侧缝长度+2.5cm（腋下省道量），多余量在腰节线上起翘。画腋下省大 2.5cm，省尖距 BP 点 3cm，腰省大 2.5cm，省尖距 BP 点 3cm。

⑦画后裙片。取裙长 50cm，臀高 18cm（根据人体身高取定数 17cm，18cm，19cm，即身高 160～170cm，臀高取 18cm；身高 160cm 以下，臀高取 17cm；身高 170cm 以上，臀高取 19cm）。在臀围线上取后臀围大为 $H/4$。在腰围线上取后腰围大为 $W/4+2.5cm$（省道量）。为了达到上衣和下裙接缝的吻合，裙子省缝和上衣腰省缝位置相同，省长 12cm。另外，为了下肢正常运动需增加裙摆量，裙摆线向侧缝外移 3cm，向原侧缝弧线作切线为新侧缝线，然后使下摆翘起 1cm 与新侧缝线成直角。

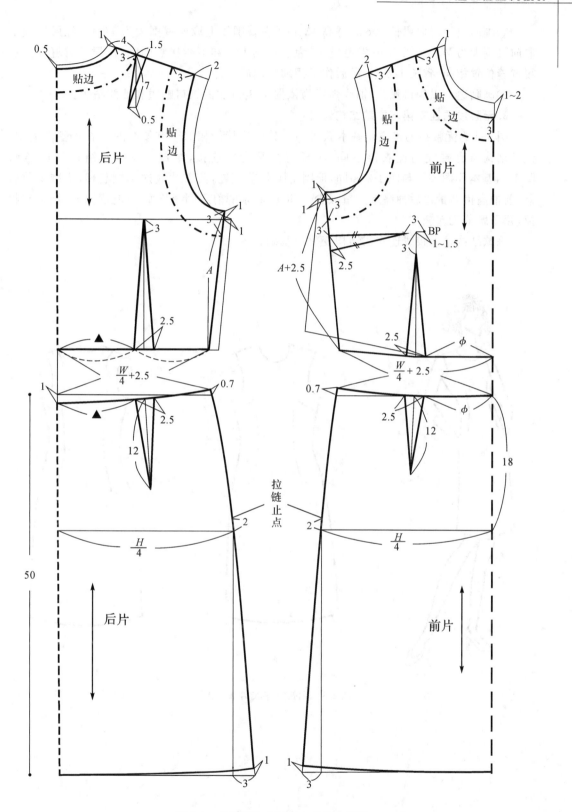

图 1-2　有腰线连衣裙基本款结构设计

⑧画前裙片。取裙长 50cm,臀高 18cm。在臀围线上取前臀围大为 H/4。在腰围线上取前腰围大为 W/4+2.5cm(省道量)。为了达到上衣和下裙接缝的吻合,裙子省缝和上衣腰省缝位置相同,省长 12cm。最后作下摆翘度同后裙片。

⑨画贴边。以领口弧线、袖窿弧线为依据画 3cm 宽的领口贴边和袖窿贴边。

2. 无腰线的连衣裙基本款结构设计

图 1-3 为无腰线的连衣裙基本款式图。其外形特征相似于有腰线的连衣裙基本造型,但其结构与有腰线的连衣裙不同,衣身与裙身合并连接,组成一体。其结构设计详见图 1-4,基本作图方法与图 1-2 相同,但因上下腰节相连,前衣片底摆不能起翘,为减少前后差,前袖窿抬高量比后袖窿抬高量减少 0.5cm,其余的前后侧缝长度之差全部作为腋下省收掉,裙子腰节无起翘。

该款结构是无腰线连衣裙结构变化的基础。

图 1-3 无腰线连衣裙基本款式

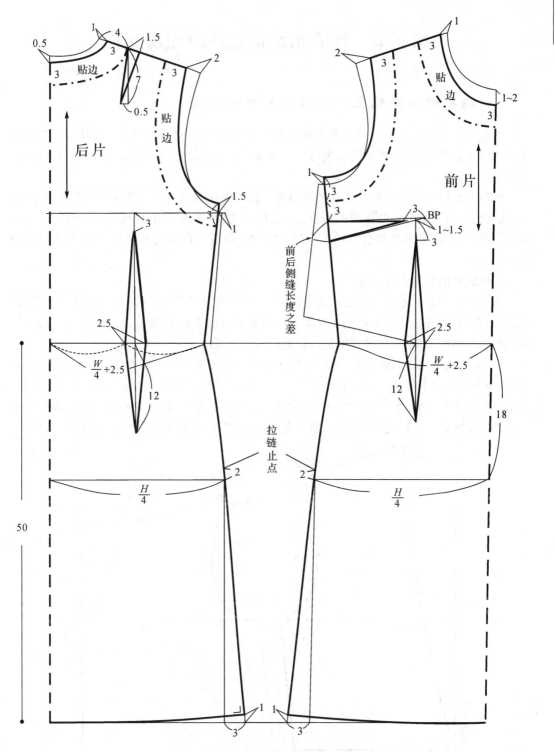

图 1-4　无腰线连衣裙基本款结构设计

第三节　连衣裙结构设计原理及变化

一、连衣裙常用领型结构设计原理及变化

　　穿着连衣裙既凉爽、方便，又能体现女性优美的形体曲线，是女性夏季青睐的主要服装。正因为追求夏季的凉爽，多数连衣裙的领子为无领。而无领的领线变化无穷，从而使得连衣裙变化丰富多样。

　　领线领是以衣片的领口线型为领型的领。款式设计重点是追求领围线与人体的完美结合，尤其要考虑领型与人的脸型的密切关系，比如对瘦脸型应采用浅圆领、船形领、一字领、浅方领等；而对圆脸和脸颊较宽的人，切忌紧身圆领，应采用大而开放的 V 形领、U 形领和方领等。

1. 领线领的结构设计原理

　　无领的结构设计不能简单地认为是除去上领，而应认识到这是以衣身领口线显示服装款式风格的设计方法。为了避免在穿着无领的服装时出现前领线荡开的尴尬局面，达到平衡、服帖、合体的效果，应正确掌握领口线的结构设计方法。

　　(1)领口线可根据款式作多种变化，但也要注意掌握极限量。横开领点是服装中的着力点，其最大的开量不能超过肩端点(SP 点)。开深的尺寸范围以不过分暴露为原则，尤其是胸部。如图 1-5 所示，连衣裙前衣身开深极限为 BP 点的水平线，后衣身开深极限为腰线，但外套类服装除外。一般地说，当横开领开宽时，直开领宜浅不宜深；而当直开领开深时，横开

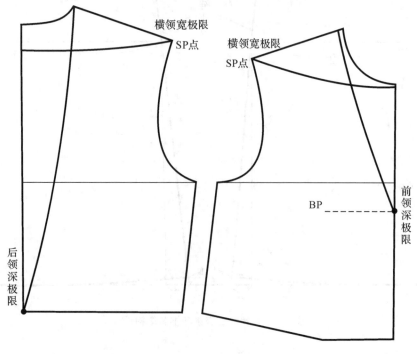

图 1-5　领口线变化

领宜窄不宜宽；当前直开领开深时，后直开领宜浅不宜深；反之亦然。如果横开领、直开领均开大或前、后直开领均开深，肩线会产生不平衡的状态，从而导致领口线滑移，与人体不服帖。所以，通常领线领服装的领口线不提倡横开领、直开领同时开大或前、后直开领同时开深的状态。

（2）套头式领线领为了满足套头穿着的需要，领口线周长应超过人体的头围，一般掌握在 55cm 以上。由于领口部开得较大，前领线往往已处于人体锁骨的下面。为防止前领口线处出现多余的量，套头式领线领其后横开领大于前横开领 0.5～1cm，使前领口带紧，保持领口部位的平衡、合体状态，如图 1-6 所示。

（3）合理配制领口贴边也是保证领线领平服、合体的关键。领口贴边的配置形式有滚条、压条、贴边三种，其中滚条、压条工艺适合圆弧形领口，而采用贴边工艺时，仅按领口形状配贴边，还不能达到平服、合体的效果，应将贴边的前中线上口折叠 0.5cm 左右，缝制后，既能满足领围线"里外匀"的需要，又能取得前、后领口平衡、合体的效果。

2. 领线领结构设计变化方法

（1）横开领窄、直开领深式的领线领结构设计

在衣身原型的领围线基础上，前横开领可增大小肩宽的 1/4 左右。为保持领口部位的合体平服，后横开领比前横开领大 0.5cm（△＋0.5cm）左右，前直开领开至原型前颈点至 BP 点水平线的 1/2 左右，后直开领开至后颈点下 1～1.5cm。图 1-6 所示为 V 字领线，图 1-7 所示为 U 字领线，图 1-8 所示为鸡心领线。

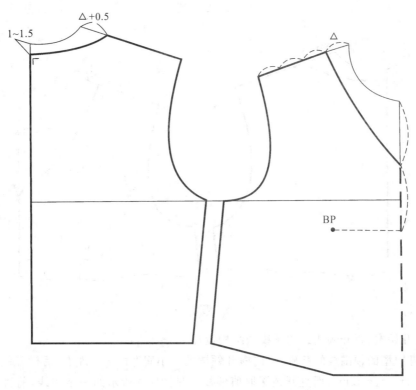

图 1-6　V 字领线

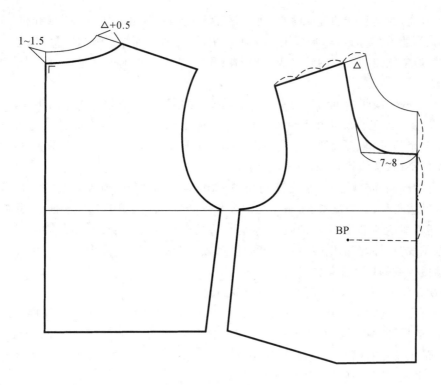

图 1-7　U 字领线

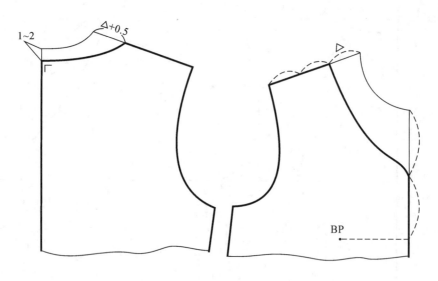

图 1-8　鸡心领线

(2)横开领宽、直开领浅式的领线领结构设计

在衣身原型的领围线的基础上，前横开领增大至小肩宽的 3/4 左右，后横开领增大比前横开领大 1cm(△+1cm)，而直开领深取值偏浅。见图 1-9 所示的一字领线，前直领深接近原基础领深上 1cm 即可，后直领深在原后领深基础上增大 2～3cm，且有意使后肩线前移 1cm。另外，领口贴边的前、后中线上口折叠 0.5cm 左右，以满足"里外匀"需要。

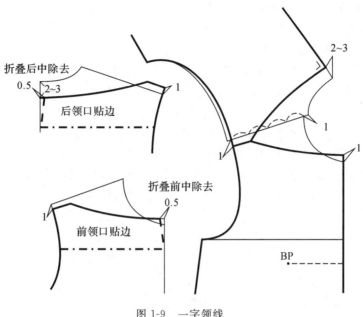

图 1-9　一字领线

（3）横开领、直开领适中的领线结构设计

在衣身原型的领围线的基础上，前横开领增大至小肩宽的 3/5 以内，后横开领增大比前横开领大 0.5～1cm（△＋0.5～1cm），前直开领深居原领深点至 BP 点水平线的 1/3 左右，后直开领深下移 2～3cm，前领口贴边的前中线上口折叠 0.5cm 左右，以满足"里外匀"需要。见图 1-10 的圆领线、图 1-11 的方领线。

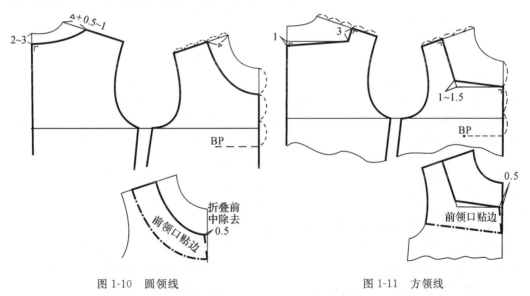

图 1-10　圆领线　　　　　　　　　　图 1-11　方领线

二、连衣裙常用袖型结构设计原理及变化

袖子是围包人体手臂部位的部件。连衣裙的袖子大体分为长袖、短袖和无袖，袖款造型变化丰富，但无论什么袖子，都必须考虑袖子与衣片的接缝以及如何符合人体手臂形状，并

与连衣裙整体的款式风格达到统一、协调。

在《女装结构设计（上）》中已介绍了袖子的原型，下面分析其结构线之间的相互关系。

1. 袖子的袖山弧线与衣片的袖窿弧线的关系

袖窿弧线是衣片上袖窿的弧线，它的形状与尺寸是根据人体手臂根部的横断面形状及尺寸，再加一定的松量得来的。袖山弧线是袖片上袖山的弧线。两者的关系：袖山弧线是根据袖窿弧线而来的。为了使袖子能在袖山上圆顺且饱满地包住上臂的厚度和肩头部的圆势，在袖山头上要有归缩吃势。根据手臂的造型及所需的活动量，吃势在袖山上的归缩必须均匀，如图1-12所示。前袖山急凸的弧线部位是前上臂突出的位置，在这里急地归缩吃势，既可满足前上臂在此处的圆势，又有了活动松量；同样在后袖山平缓的弧线部位慢慢地归缩吃势，既可以适应后上臂的圆势，又可满足手臂的活动松量。

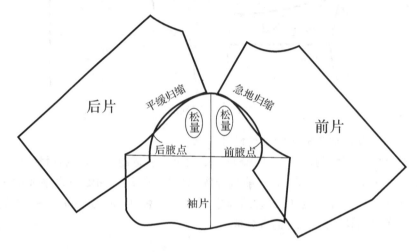

图 1-12　袖子与衣片的关系

袖子的袖山弧线与衣片的袖窿弧线的符合点有三处，即袖山顶点、袖前符合点与袖后符合点。袖前符合点取衣身原型的前身符合点至前后侧缝分界点的 a（弧长）+0.2cm，袖后符合点取衣身原型的后身符合点至前后侧缝分界点的 b（弧长）+0.2cm，如图1-13所示。

吃势总量的大小要依据诸多方面的因素不同而各有差异。主要是根据服装种类、面料素材而定。一般规律是：

$$袖山吃势量＝袖山弧长－袖窿弧长＝\begin{cases}1\sim3 & 夏（薄）；\\2\sim4 & 春秋（中厚）；\\3\sim5 & 冬（厚）。\end{cases}$$

2. 袖山高与手臂活动及袖肥的关系

袖山高是指袖山顶点至袖山底线的距离。袖山高的设定是可变量值，当袖子随手臂处在不同的状态下时，袖山高就有不同的大小。如图1-14所示，人体的手臂可处于(1)，(2)，(3)，(4)等不同位置，其袖子的袖山高也随之变化，分别为 a_1、a_2、a_3、a_4。

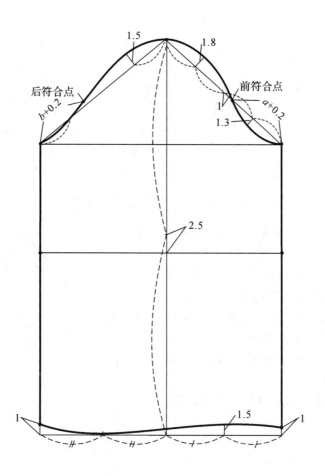

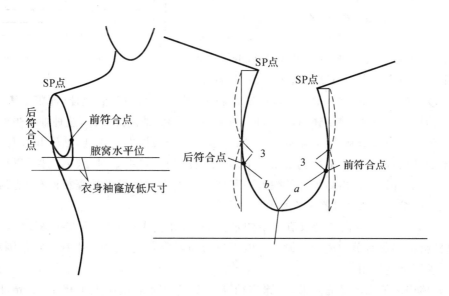

图 1-13　袖子与衣片的符合点

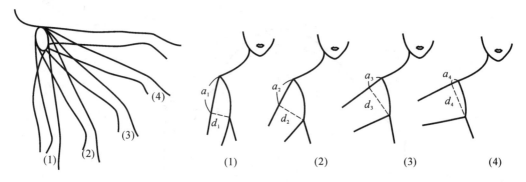

图 1-14　袖山高随手臂位置不同而发生的变化

当袖山斜线与袖山弧线长取值一定时，袖山高与袖肥成反比关系，如图 1-15 所示。

前袖山斜线＝前 AH，后袖山斜线＝后 $AH+1$，AB 为基本袖山高，当袖山高增高至 $A'B$，前后袖山斜线量值不变时，袖肥量值变小，袖子变窄，此类袖子活动量较小，美观性较好；反之，当袖山高降低至 $A''B$，前后袖山斜线量值不变时，则袖肥量值变大，袖子变宽，此类袖子活动量大。

3. 袖窿开度和形状与袖山各量取值的关系

从袖山高与袖肥关系中可以发现，袖山高的改变是在袖山斜线不变的前提下进行的，即袖山高增高，袖子变窄；袖山高降低，袖子变宽。但这并没有顾及与袖窿开度和形状的配合关系。基于手臂活动功能的考虑，在选择低袖山结构时，袖窿开度应较深，宽度小，呈窄长形状态；相反，在选择高袖山结构时，袖窿开度应更浅，更贴近腋窝，袖窿形状接近基本袖窿形，呈椭圆形。这是因为当袖山高接近最大值时，袖子和

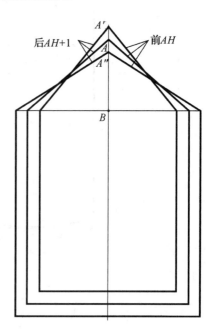

图 1-15　袖山高与袖肥的关系

衣身呈现较为贴体状态，这时袖窿开度越靠近腋窝，袖子的活动功能越佳，即腋下表面的结构与人体构成一个整体，使手臂活动自如。如果袖山较高，袖窿开度深，这种袖子虽然贴体，但手臂上举时受袖窿牵制，且袖窿越深，牵制力越大。如果袖山高较低，袖子和衣身的组合呈现出袖子外展状态，这时袖窿仍采用基本袖窿深度，当手臂下垂时，腋下会聚集很多余量而产生不适感。因此，袖山高很低的袖型应和袖窿深度大的细长形袖窿相匹配，达到活动、舒适和宽松的综合效果，如图 1-16 所示。

如图 1-17 所示为袖山各量取值关系的定性分析，在实际采寸时，不能死板地套用数学公式，这样会抑制服装美的造型及设计者的想象力和创造力，应考虑掌握在一定范围和造型特点的要求下灵活运用。

（1）合体服装的袖窿呈椭圆形，在原型袖窿深度（16.5cm）基础上下移 1～2cm，即袖窿深度＝17～18cm，袖山高＝$\dfrac{AH}{4}$＋3.5～5.5＝14～16cm，前袖山斜线＝前 AH，后袖山斜线

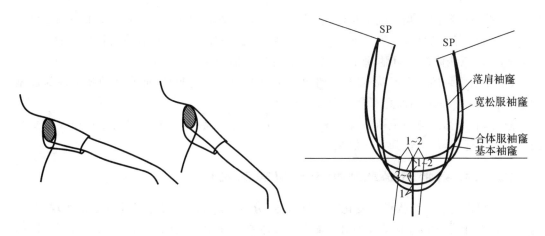

图 1-16　袖山高与袖窿开度关系

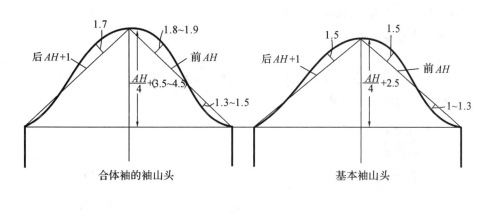

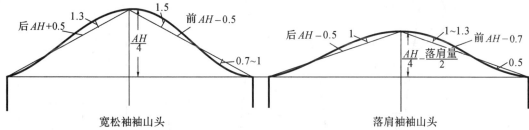

图 1-17　袖山各量取值关系

＝后 $AH+1$ cm，袖山弧线凹凸明显，袖山弧长＝袖窿弧长＋（2～5cm）吃势量，袖肥约 32～36cm。

（2）一般服装的袖窿也呈椭圆形，在原型袖窿深度基础上下移 0～2cm，即袖窿深度＝ 16～18cm，袖山高＝$\dfrac{AH}{4}$＋2.5cm＝13～14cm（基本袖山高），前袖山斜线＝前 AH，后袖山 斜线＝后 $AH+1$ cm，袖山弧长＝袖窿弧长＋（0～3cm），袖肥约 34～38cm。

（3）宽松服装的袖窿呈窄长形，在原型袖窿深度基础上下移 2～4cm，即袖窿深度＝18～ 20cm，袖山高＝$AH/4$＝9～11cm，前袖山斜线＝$AH-0.5$ cm，后袖山斜线＝后 AH＋ 0.5cm，袖山弧曲度平缓，袖山弧长＝袖窿弧长＋（0～1.5cm），袖肥约 36～40cm。

（4）落肩服装的袖窿呈细窄长形，在原型袖窿深度基础上下移3～5cm，即袖窿深度＝19～21cm，袖山高＝$AH/4$－落肩量$/2$，前袖山斜线＝前AH－0.7cm，后袖山斜线＝后AH－0.5cm，袖山弧线曲度不明显，袖山弧长＝袖窿弧长，袖肥约40～44cm。

（5）无袖服装的袖窿形状不定，关键是袖窿深度为了雅观起见，通常在原型袖窿深度基础上上移0～1.5cm，即袖窿深度＝14.5～16cm。

总之，衣身袖窿与袖子袖山有着密切关系，在不同情况下，各要素取值是可以灵活变化的。要灵活运用，尽力达到最佳效果。

三、连衣裙常用衣身结构设计原理及变化

连衣裙常用衣身结构设计变化可通过省道、分割、褶裥和抽褶等处理方法来实现，各结构方法在衣身结构中起不同的功用。省道是合体衣身通常采用的结构处理方法，而分割结构既起到合体的作用，又起到装饰的作用，褶裥和抽褶还起到立体装饰作用。这些结构处理方法使连衣裙款式变化万千，体现女性婀娜多姿的体态。

1. 连衣裙衣身省道设计

（1）款式特点

如图1-18所示为刀背省连衣裙款式图，前衣身设袖窿省和腰省，后衣身只设腰省，鸡心领，无袖，衣身与裙身相连且合身。

图1-18　刀背省连衣裙款式

（2）规格设计

表1-2为刀背省连衣裙成品规格设计表。

表 1-2 刀背省连衣裙成品规格 (单位:cm)

号/型	部位名称	后中长	胸围	腰围	臀围
	部位代号	L	B	W	H
160/84A	净体尺寸	38	84	66	90
	加放尺寸	48.5	6	6	6
	成品尺寸	86.5	90	72	96

（3）结构设计（见图 1-19）

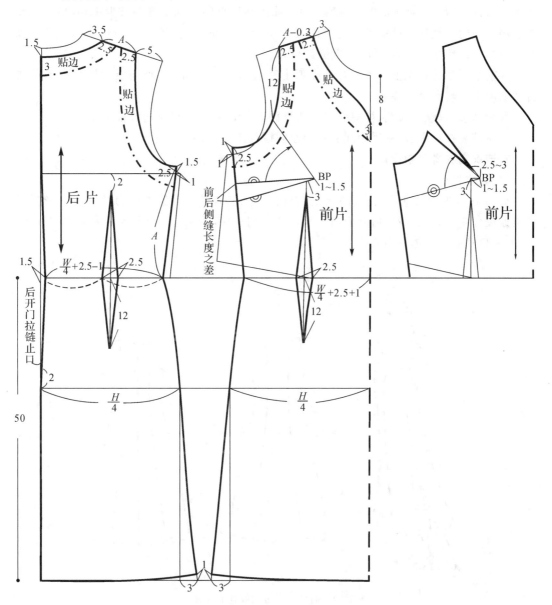

图 1-19 刀背省连衣裙结构设计

17

①确定裙长:该款根据效果图取腰节线下 50cm,在人体膝盖上下。

②三围尺寸:此款连衣裙的臀围放松量为 6cm,成衣尺寸为 96cm。

③画后身:在无腰线的连衣裙基本款的结构上,按款式要求沿后侧颈点开大 3.5cm,后领深下移 1.5cm,修改后领口弧线。后肩点在原型的基础上收进 5cm,量取后片小肩宽尺寸为 A。在原型的基础上胸围减少 1cm,袖窿抬高 1.5cm,然后用圆顺的弧线连接后袖窿。后腰中心收腰 1.5cm,后腰围大为 W/4+2.5cm(省道量)−1cm(前后差),然后连接侧缝。最后如图 1-19 画出省道位置与大小。

④画前身:前侧颈点开大 3cm,前领深下移 8cm,画前领口弧线呈鸡心状。前片小肩宽尺寸=后片小肩宽尺寸−0.3cm(归缩量)。袖窿在原型的基础上胸围减少 1cm,抬高 1cm,然后用圆顺的弧线连接前袖窿。前腰围大为 W/4+2.5cm(省道量)+1cm(前后差),然后连接侧缝。最后如图 1-19 画出省道位置与大小。

⑤前腋下省转移至袖窿省。在袖窿弧上靠近前腋点处与 BP 点连线为袖窿省辅助线,合并前腋下省转移至袖窿省。

⑥画贴边:以领口弧线、袖窿弧线为依据画 2.5cm 宽的领口贴边和袖窿贴边。

⑦拉链装在后中心,从后中线领口装至臀围线上 2cm。

2. 连衣裙衣身分割设计

(1)款式特点

如图 1-20 所示为通肩公主分割线连衣裙,以无腰线基本款连衣裙为基础,将肩省与腰省贯通设分割线,前衣身片剪开为前大身片和前侧身片,后衣身片剪开为后大身片和后侧身片,方领口背心式合体型连衣裙。

图 1-20　通肩公主分割线连衣裙款式

（2）规格设计

表 1-3 所示为通肩公主分割线连衣裙成品规格设计表。

表 1-3　通肩公主分割线连衣裙成品规格　　　　（单位：cm）

号/型	部位名称	后中长	胸围	腰围	臀围
160/84A	部位代号	L	B	W	H
	净体尺寸	38	84	66	90
	加放尺寸	67	6	6	6
	成品尺寸	105	90	72	96

（3）结构设计（见图 1-21）

①确定裙长。该款根据效果图取腰节线下 70cm 为裙长，裙边在人体小腿肚上下。

②三围尺寸：此款连衣裙的臀围放松量为 6cm，成衣尺寸为 96cm。

③画后身：在无腰线的连衣裙基本款的结构上，肩宽收进 2cm，后小肩宽取 5cm。在原型的基础上胸围减少 1cm，袖窿抬高 1.5cm，然后用圆顺的弧线连接袖窿。后腰中心收腰 1.5cm，后腰围大为 $W/4+2.5cm$（省道量）$-1cm$（前后差），然后连接侧缝。如图 1-21 画出省道位置与大小。平移后肩省的位置，省量为 1.8cm，省尖指向与后腰省尖顺势相连画后通肩公主分割弧线，向下垂直裙下摆，裙下摆的侧缝和垂线左右各增加 5cm，下摆线与摆缝成 90°，修正下摆弧线。后领深在原型基础上下移 3cm，画水平线与通肩公主分割线相交，形成后领口形状。

④画前身：肩宽收进 2cm，前小肩宽取 5cm 处作为肩部公主线分割点。在原型的基础上胸围减少 1cm，袖窿抬高 1cm，然后用圆顺的弧线连接袖窿。前腰围大为 $W/4+2.5cm$（省道量）$+1cm$（前后差），然后连接侧缝。最后如图 1-21 画出省道位置与大小。再将前后侧缝长度之差转移至肩部分割线处，且使前后衣身肩省位置对应，前肩省省尖指向与前腰省尖顺势相连画前通肩公主分割弧线至裙下摆，前下摆处理同后下摆。前领深在原型基础上下移 4cm，画水平线与通肩公主分割线相交，形成前领口形状。

⑤画贴边。因小肩宽较窄，由此以领口、袖窿弧线为依据，如图 1-21 所示画领口与袖窿相连的贴边。

⑥拉链装在后中心，从后中线领口装至臀围线上 2cm。

3. 高腰位连衣裙衣身结构设计

（1）款式特点

图 1-22 所示为高腰位连衣裙。前腰位线上移至胸部以下，胸凸造型的余量集中在胸下抽缩，后腰位线为斜线，后侧腰位与前侧腰位对齐，后中腰位在基本腰位上，后衣身两个腰省，而前后裙身无腰省，裙摆顺势向下扩大。

（2）规格设计

表 1-4 为高腰位连衣裙成品规格设计表。

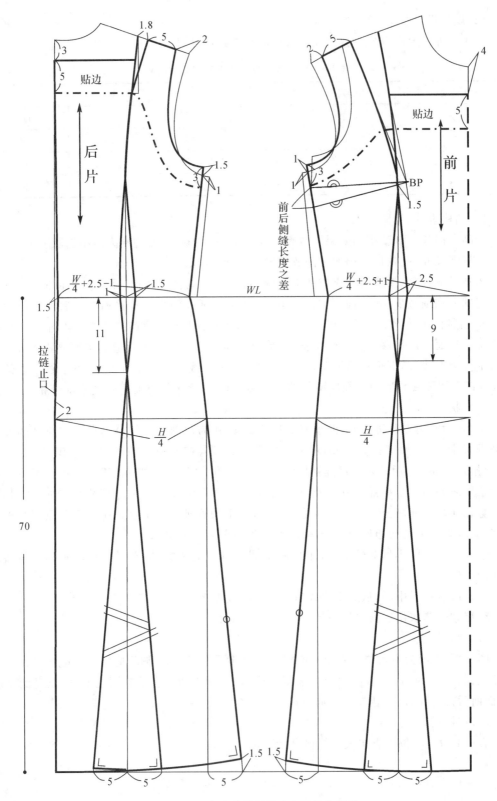

图 1-21　通肩公主分割线连衣裙结构设计

图 1-22　高腰位连衣裙款式

表 1-4　高腰位连衣裙成品规格 （单位:cm）

号/型	部位名称	后中长	胸围	腰围	臀围
160/84A	部位代号	L	B	W	H
	净体尺寸	38	84	66	90
	加放尺寸	67	6	6	6
	成品尺寸	105	90	72	96

(3)结构设计(见图 1-23)

①确定裙长。该款根据效果图取腰节线下 70cm 为裙长,裙边在人体小腿肚上下。

②三围尺寸。此款连衣裙的基础三围尺寸同连衣裙图 1-19。

③画后身。在无腰线的连衣裙基本款的结构上,按款式要求,后颈侧点开大 6cm,后领深下移 3cm,修改画顺后领口弧线。后肩点在原型的基础上收进 5.5cm,量取后片小肩宽尺寸为 A。袖窿在原型的基础上抬高 1cm,然后用圆顺的弧线连接后袖窿。后斜向分割线是后腰中点至侧腰点向上 6cm 的连线。

④画前身。前颈侧点开大 5.5cm,量取前小肩宽尺寸=后小肩宽,在原型的基础上袖窿抬高 1cm,然后用圆顺的弧线连接前袖窿。前分割线按款式要求是 BP 点向下 8cm 处至侧腰点向上 6cm 的连线,注意设置的前高腰位横向分割连线要用圆顺的弧线连接,并向前中顺势延长 8~10cm,作为前门襟重叠量,然后连接前领口弧线。

⑤转移前腋下省。在前腰省处剪开,合并前腋下省转移至胸下,加腰省量为抽缩量。

⑥合并裙腰省。前后裙片腰省尖向下画垂直剪开线,腰省合并,腰省量转移至垂直剪开线处,扩大了裙摆量(见图 1-23)。

⑦画侧摆。前后裙摆侧边加大 7cm,与臀围至腰围的弧线相切画侧摆,前后裙下摆起翘

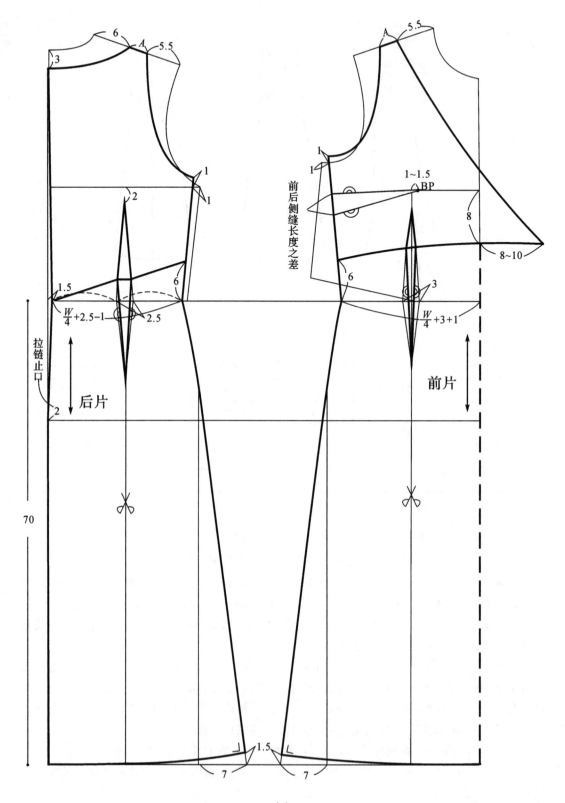

6

3

A — 5.5

A — 5.5

6

1

1

2

1

1

前后侧缝长度之差

1~1.5

○BP

8

8~10

1.5

6

6

3

$\dfrac{W}{4}+2.5-1$

2.5

$\dfrac{W}{4}+3+1$

拉链止口

2

后片

前片

70

1.5

7

7

（a）

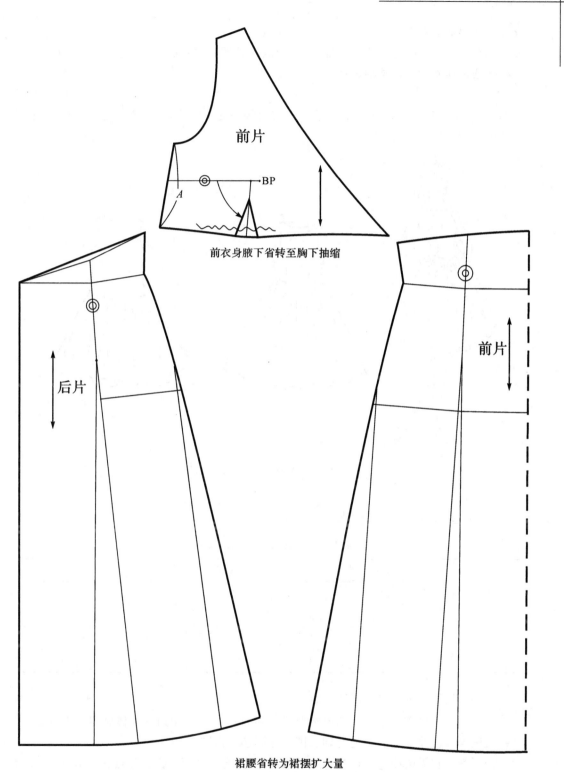

前衣身腰下省转至胸下抽缩

裙腰省转为裙摆扩大量

(b)

图 1-23　高腰位连衣裙结构设计

1.5cm 与侧摆基本垂直。

⑧画贴边。因高腰分割线以上部分较小，故衣身部分取双层，即贴边与面子相同。

4.低腰位连衣裙衣身结构设计

（1）款式特点

图 1-24 所示为低腰位连衣裙，腰位线下移至腰臀的中间位，前后衣身各设两腰省，裙摆拉展放大，分割线上自然抽褶。

图 1-24　低腰位连衣裙款式

（2）规格设计

表 1-5 所示为低腰位连衣裙成品规格设计表。

表 1-5　低腰位连衣裙成品规格　　　　　　　　　　　　（单位：cm）

号/型	部位名称	后中长	胸围	腰围	臀围
160/84A	部位代号	L	B	W	H
	净体尺寸	38	84	66	90
	加放尺寸	46	6	6	6
	成品尺寸	84	90	72	96

（3）结构设计（见图 1-25 和图 1-26）

①确定裙长。该款根据效果图取腰节线下 50cm 为裙长，裙边在人体膝盖上下。

②三围尺寸。此款连衣裙的基础三围尺寸同连衣裙图 1-19。

③画后身。在无腰线连衣裙基本款的结构上，按款式要求，后侧颈点开大 8.5cm，后领深下移 4cm，修改后领口弧线。后肩点在原型的基础上收进 2.5cm，量取后片小肩宽尺寸为 A。原型的基础袖窿深不变，用圆顺的弧线连接后袖窿。裙摆侧边加大 5cm，与臀围至腰围的弧线相切画侧摆，后裙下摆起翘 1.5cm 与侧摆基本垂直。

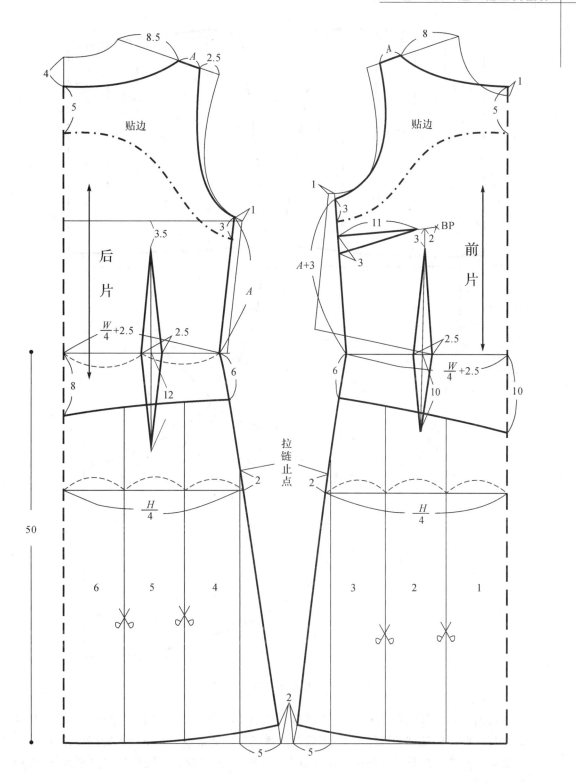

图 1-25 低腰位连衣裙结构设计(一)

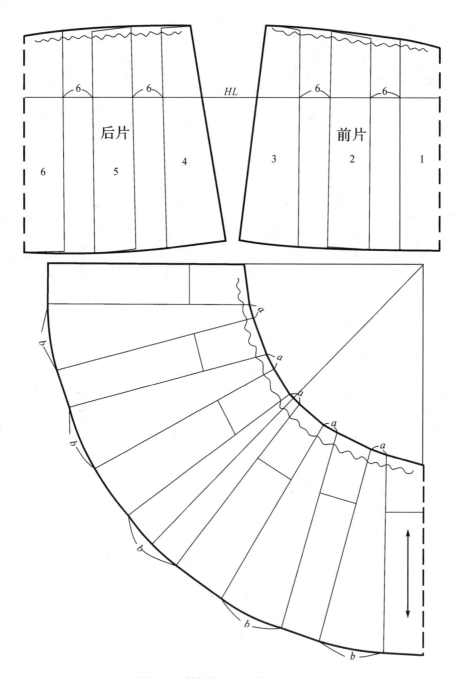

图 1-26　低腰位连衣裙结构设计(二)

④画前身。前颈侧点开大 8cm,前领深上移 1cm,修改前领口弧线。量取前小肩宽尺寸
=后小肩。原型的基础袖窿深不变,用圆顺的弧线连接前袖窿。裙下摆处理同后裙摆。

⑤设分割线。按款式在基础腰位线以下 6～10cm 设置前后低腰位横向分割线,使前后
侧缝的分割线位对应。

⑥画贴边。因小肩宽较窄,由此以领口、袖窿弧为依据,如图 1-25 所示画领口与袖窿相
连的贴边。

⑦拉展裙片。前后裙片均匀设置垂直剪开线，并均匀拉展增加的适当皱缩量。拉展方法：一是平行拉展，各分割片间增加约6cm；二是扇形拉展，靠近低腰线位的各分割片间增加a量，裙下摆各分割片间增加b量，且$a<b$。

⑧用圆顺的弧线连接裙摆轮廓线。

5. 连衣裙衣身褶裥设计

(1)款式特点

图1-27所示为多褶裥式大开领合体型连衣裙。前后身有纵向公主线分割，起到收腰合体的作用。前胸中心有菱形分割裁片，四周设多个小褶裥，可起到凸胸及造型的效果。

图1-27　多褶裥式大开领合体型连衣裙款式

(2)规格设计

表1-6所示为多褶裥式连衣裙成品规格设计表。

表1-6　多褶裥式连衣裙成品规格　　　　　　　　　　　　（单位：cm）

号/型	部位名称	后中长	胸围	腰围	臀围
160/84A	部位代号	L	B	W	H
	净体尺寸	38	84	66	90
	加放尺寸	57	6	6	6
	成品尺寸	95	90	72	96

（3）结构设计（见图 1-28）

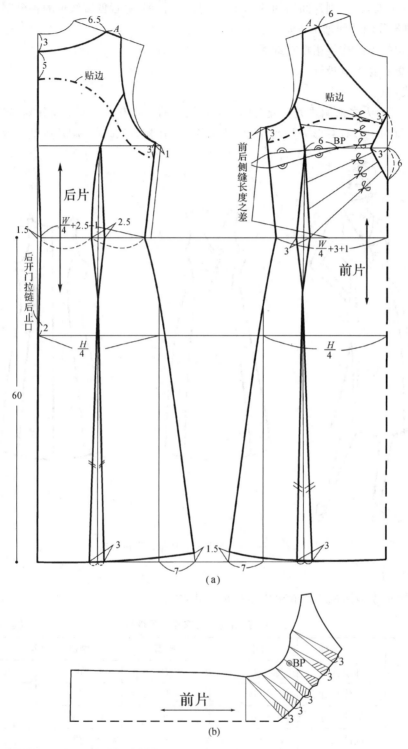

(a)

(b)

图 1-28　多褶裥式大开领合体型连衣裙结构设计

①确定裙长。该款根据效果图取腰节线下 60cm 为裙长,裙边在人体膝盖以下、小腿肚偏上的位置。

②三围尺寸。此款连衣裙的基础三围尺寸同连衣裙图 1-19。

③画后身。在无腰线的连衣裙基本结构上,按款式要求,后颈侧点开大 6.5cm,后领深下移 3cm,修改后领口弧线。后肩点在原型的基础上收进 5cm,量取后片小肩宽尺寸为 A。原型的基础袖窿深不变,用圆顺的弧线连接后袖窿。裙摆侧边加大 7cm,与臀围至腰围的弧线相切画侧摆,前裙下摆起翘 1.5cm 与侧摆基本垂直。后身腰省居后腰中间向侧偏,顺着后腰省省尖,朝袖窿方向,画刀背分割弧线,向下垂直裙下摆,垂线左右各加大 1.5cm。

④画前身。在 BP 点水平线位的前中画长 12cm、宽 6cm 的菱形,前侧颈点开大 6cm 与菱形上高点连接,画顺前领口弧线。量取前小肩宽尺寸=后小肩。原型的基础袖窿深不变,然后用圆顺的弧线连接前袖窿,前身腰省向侧缝平移至离胸高点 6cm 处,顺前腰省线向袖窿画分割弧线,裙下摆处理同后裙摆。

⑤画贴边。因小肩宽较窄,因此以领口、袖窿弧为依据,如图 1-28(a)所示画领口与袖窿相连的贴边。

⑥前大身片设剪开线。剪开前胸中心的菱形裁片,再根据前身褶裥的个数、褶裥的方向设置相应剪开线。

⑦拉展前衣身片。如图 1-28(b)所示:合并前腋下省转为褶裥量,同时从前中向侧身剪开各剪开线,靠近侧身的剪开线连接不剪断,依次扇形拉展剪开片,均匀增加各褶裥量,并按褶裥折倒的方向连线,修画前大身拉展裁片的轮廓线。

第四节　连衣裙结构设计运用

连衣裙的裙部样式有窄裙、西装裙、A 字裙、斜裙、波浪裙、多片裙、顺褶裙、碎褶裙等多种裙款,与无数种衣身组合成各式各样的连衣裙,且上衣可以有有领、无领、有袖、无袖及多种领型、袖型的变化。当然,连衣裙设计绝不仅仅是这种数学上的排列与组合,还应考虑色彩、面料与线条间的综合关系,利用形式美学原理,追求整体效果。这里的组合分析只是从结构方面展开的。

一、吊带式连衣裙结构设计

1. 款式设计

如图 1-29 所示为吊带式连衣裙,裙长至膝下小腿处,上身合体,A 字型裙摆,前身在胸下横向分割,胸前片自然抽缩。

面料可选用柔软悬垂、吸湿透气的棉布、棉麻织物、丝织物及各种混纺织物。

图 1-29 吊带式连衣裙款式

2. 规格设计

表 1-7 所示为吊带式连衣裙成品规格设计表。

表 1-7 吊带式连衣裙成品规格 (单位:cm)

号/型	部位名称	后中长	胸围	腰围	臀围
	部位代号	L	B	W	H
160/84A	净体尺寸	38	84	66	90
	加放尺寸	67	6	6	6
	成品尺寸	105	90	72	96

3. 结构设计(见图 1-30)

(1)确定裙长。该款根据效果图取腰节线下 75cm 为裙长,裙边在人体小腿肚上下。

(2)三围尺寸。此款连衣裙的基础三围尺寸同连衣裙图 1-19。

(3)画后身。肩带位置在小肩宽的 1/2 处,原型的基础袖窿深不变,然后用圆顺的弧线连接后袖窿。后吊带领深是基础领深下移 8cm 画水平线交袖窿弧为后领。领口、袖窿弧包边 1cm。裙摆侧边加大 5cm,与臀围至腰围的弧线相切画侧摆,前裙下摆起翘 1.5cm 与侧摆基本垂直。后身腰省取 2.5cm,居后腰中间向侧偏。

(4)画前身。前肩带与后肩带位置对应,原型的基础袖窿深不变,然后用圆顺的弧线连接前袖窿,前吊带领深至 BP 点以上 10~12cm 画水平线交袖窿弧为前领口,领口、袖窿弧包边 1cm。前裙摆处理同后裙摆,前胸在 BP 点以下 8~10cm 横向分割。

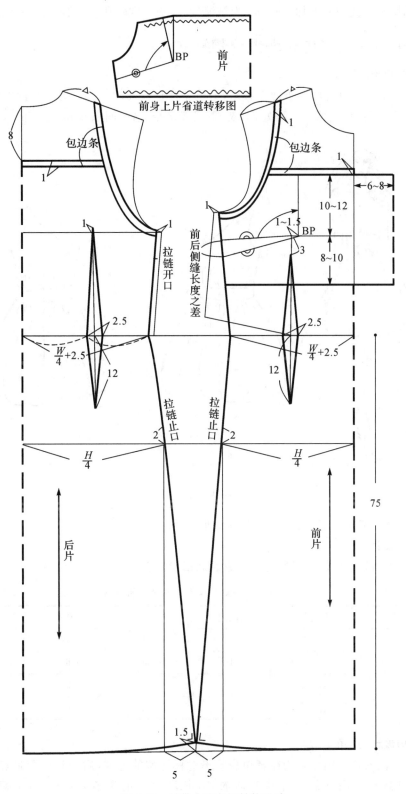

前身上片省道转移图

图 1-30 吊带式连衣裙结构设计

(5)前胸片在前中心追加6～8cm为皱缩量,前腋下省转移到前胸片上口为皱缩量。

二、单肩灯笼裙摆连衣裙结构设计

1. 款式特点

如图1-31所示单肩灯笼裙摆连衣裙,为单肩背心上衣,胸凸量、胸腰余量集中在腰间抽褶,灯笼式裙摆,裙长至膝上大腿处,上衣、下裙缝接相连,腰间系6cm宽腰带。

图1-31 单肩灯笼裙摆连衣裙款式

面料选择朴素挺括、吸湿透气性好的棉布、棉混纺织物。

2. 规格设计

表1-8所示为单肩灯笼裙摆连衣裙成品规格设计表。

表1-8 单肩灯笼裙摆连衣裙成品规格 (单位:cm)

号/型	部位名称	前衣长	胸围	腰围	臀围
	部位代号	L	B	W	H
160/84A	净体尺寸	40	84	66	90
	加放尺寸	45	6	24	4
	成品尺寸	85	90	90	94

3. 结构设计(见图1-32)

(1)确定前衣长。因该款为露背单肩式不对称造型的上衣,后中长的测量点较难确定,现以前肩最高点至底摆的尺寸作为前衣长,其尺寸=前腰节长(40cm)+裙长(45cm)=85cm。

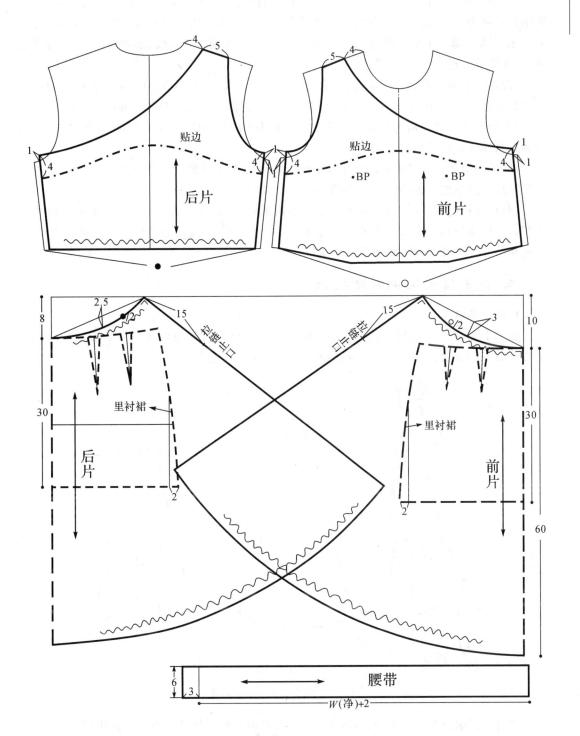

图 1-32　单肩灯笼裙摆连衣裙结构设计

（2）画前衣身。由于上衣部分左右不对称，所以应将衣身左右图全展开进行结构设计。胸围放松量为6cm，故在前后侧缝线上各减少1cm。人体右边后颈侧点开大4cm，小肩宽取5cm，在原型的基础上袖窿抬高1cm，如图1-32所示修改前领口弧线、袖窿弧线，前衣身下摆宽＝○（见图示）。

（3）画后衣身。按款式要求，人体右边后颈侧点开大4cm，小肩宽取5cm，在原型的基础上袖窿抬高1cm，如图1-32所示修改后领口弧、袖窿弧，后衣身下摆宽＝●（见图示）。

（4）画贴边。因小肩为单肩不对称，由此以领口弧线、袖窿弧线为依据，如图1-32所示画领口与袖窿相连的贴边。

（5）画外裙片。灯笼裙的前外裙片的腰围量＝前衣身下摆＝○（见图示），后外裙片的腰围量＝后衣身下摆＝●（见图示），如图画前后斜裙纸样，裙长＝60cm。

（6）灯笼裙应衬有裙里布，裙里布为A字裙纸样，裙长为30cm，A字裙作图同上册裙子原型。里外裙长相差30cm，外裙片下摆抽缩与裙里布下摆接缝，形成灯笼状。裙长为A字裙裙长（30cm）＋里外裙长相差量/2（15cm）＝45cm。

三、露肩背式连衣裙结构设计

1. 款式特点

如图1-33所示为露肩背式连衣裙，胸凸、胸腰余量集中于领口做三个顺褶，波浪裙摆，裙长至膝下小腿处，是上衣、下裙接缝相连的立领式背心连衣裙。

图1-33　露肩背式连衣裙款式

面料适宜选择柔软悬垂、吸湿透气的棉布、棉麻织物、丝织物及各种混纺织物。

2. 规格设计

表1-9所示为露肩背式连衣裙成品规格设计表。

表 1-9 露肩背式连衣裙成品规格 （单位：cm）

号/型	部位名称	前衣长	胸围	腰围	臀围
160/84A	部位代号	L	B	W	H
	净体尺寸	40	84	66	90
	加放尺寸	60	5	5	4
	成品尺寸	100	89	71	94

3. 结构设计（见图 1-34）

（1）确定裙长。该款根据效果图取腰节线下 60cm 为裙长，裙边在人体膝盖以下，小腿肚偏上的位置。

（2）三围尺寸。此款连衣裙胸围放松量因后背劈去 0.5cm 而减少放松量 1cm，胸围放松量为 5cm，腰围放松量为 5cm，臀围放松量为 4cm。

（3）画前身。前侧颈点开大 0.5cm，原型的基础前领深、袖窿深不变，分别用圆顺的弧线连接领口弧线、袖窿弧线。从侧腰点至前中腰线以下 6cm，用圆顺的弧线连接，该分割线将连衣裙分为上身与下裙。

（4）画后身。以原型的基础袖窿处画水平线，剪去后衣身上半截，后腰省取 2.5cm，后中心在后腰节收 1.5cm，胸围线收 0.5cm，从上依次连接后背缝至臀围线以上 2cm 处，腰节剪开分为后上身与下裙。

（5）前身省道转移。如图 1-34（b）所示，前领口设置三个褶裥位，与 BP 点连线，将腋下省、胸腰省合并，余量分别均匀移至领口三个褶裥中。

（6）裙片展开。前后裙片如图 1-34（b）所示设垂直分割线。腰省合并转为摆量，并如图 1-33 所示拉展裙摆，修画前裙身拉展裁片的轮廓线。后片方法同前片。

四、盖肩式旗袍裙结构设计

1. 款式特点

如图 1-35 所示，该款为改良式旗袍，中式领、盖肩袖、收腰贴身型，前衣身领口中间挖出椭圆孔，裙长至小腿与踝骨之间，裙摆两侧开衩，衩位在臀围以下 15cm。

面料适宜选择带有光泽的软缎、织锦缎、重磅丝织物等。

2. 规格设计

表 1-10 所示为盖肩式旗袍裙成品规格设计表。

表 1-10 盖肩式旗袍裙成品规格设计表 （单位：cm）

号/型	部位名称	后中长	胸围	腰围	臀围
160/84A	部位代号	L	B	W	H
	净体尺寸	38	84	66	90
	加放尺寸	80	10	8	4
	成品尺寸	118	90	74	94

3. 结构设计（见图 1-35）

（1）确定裙长。该款根据效果图取腰节线下 80cm 为裙长，裙边在人体小腿至踝骨之间。

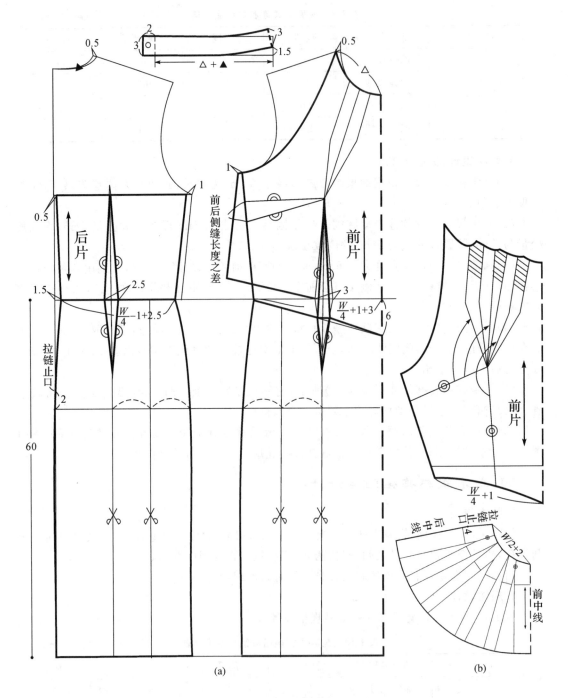

图 1-34　露肩背式连衣裙结构设计

　　（2）三围尺寸。此款连衣裙的三围尺寸较连衣裙基本款大，因为有袖子，胸围放松量可比无袖的大，这里取胸围放松量 10cm，腰围放松量 8cm，臀围放松量 4cm。

　　（3）画后身。后侧颈点开大 0.5cm，原型的基础后领深不变，修改后领弧线。离开后侧颈点 4cm 作后肩省，省量为 1.5cm，省长为 7cm。后肩点延伸出画盖肩袖，袖中线与水平线

图 1-35　盖肩式旗袍裙款式

夹角取 45°左右,盖肩部分袖长为 10cm,原型的基础袖窿深不变,如图 1-36 画袖窿弧线。后身腰省取 2.5cm,居后腰中间向侧偏,如图 1-36 画出省道位置与大小。裙下摆劈势取 3.5cm,裙衩止口在臀围线以下 15cm 处。

(4)画前身。前侧颈点开大 0.5cm,原型的基础前领深不变,修改前领弧线,前中领口弧线下挖剪 7×6 椭圆。前肩点同样延伸出画盖肩袖。前侧缝长度＝后侧缝长度(A)＋3cm,在原型的基础上开落袖窿深,修改前袖窿弧线。前腋下省的省尖距 BP 点 3cm,前身腰省偏移 BP 点 1～1.5cm,腰省量 2.5cm,省尖距 BP 点 3cm,腰省向下取省长 10cm。裙下摆结构同后裙片。

(5)画立领。中式领为合体式立领,立领高取 3.5cm,领围线为前领口弧线长(▲)＋后领口弧线长(△),前中起翘 2cm,前领角造型为圆角。

五、长袖旗袍裙结构设计

1. 款式特点

如图 1-37 所示为传统的长袖旗袍,中式领、右衽斜开襟(左大襟、右小襟),常配盘花装饰扣,领、门襟可用滚边装饰,袖子为有肘省的一片合体长袖,整体造型为收腰贴身型,裙长至小腿,裙摆两侧开衩,衩位在臀围以下 15cm。

面料可选择带有光泽的软缎、织锦缎、重磅丝织物等。

2. 规格设计

表 1-11 所示为长袖旗袍裙成品规格设计表。

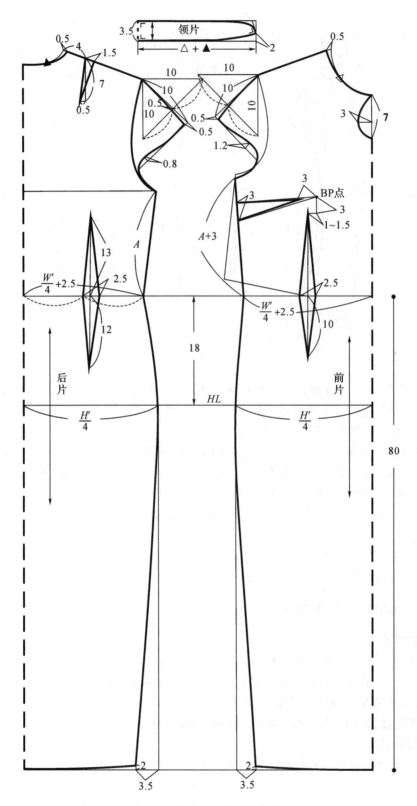

图 1-36　盖肩式旗袍裙结构设计

图 1-37 长袖旗袍裙款式

表 1-11 长袖旗袍裙成品规格　　　　　　　　　　　（单位：cm）

号/型	部位名称	后中长	胸围	腰围	臀围
	部位代号	L	B	W	H
160/84A	净体尺寸	38	84	66	90
	加放尺寸	75	10	8	4
	成品尺寸	113	94	74	94

3. 结构设计（见图 1-38）

（1）确定裙长。该款根据效果图取腰节线下 75cm 为裙长，裙边在人体小腿肚偏下。

（2）三围尺寸。该款系合体长袖连衣裙，胸围放松量一般在 8～12cm，该款胸围取 10cm。因在原型中已放入基本放松量 10cm，故无须变化。而腰围放松量取 8cm，臀围放松量取 4cm。

（3）画后身。后侧颈点开大 0.5cm，原型的基础后领深不变，修改后领弧线。离开后侧颈点 4cm 作后肩省，省量 1.5cm，省长 7cm。在原型的基础上袖窿深下移 0.5cm，修改后袖窿弧线。后身腰省取 2.5cm，居后腰中间向侧偏，如图 1-38 所示画出省道位置与大小。裙下摆劈势取 2.5cm，裙衩止口在臀围线以下 15cm 处。

（4）画前身。前侧颈点开大 0.5cm，原型的基础前领深不变，修改前领弧线。前侧缝长度＝后侧缝长度（A）＋3cm，在原型的基础上开落袖窿深，修改前袖窿弧线。前腋下省的省尖距 BP 点 3cm，前身腰省偏移 BP 点 1.5cm，腰省量 2.5cm，省尖距 BP 点 3cm，腰省向下省长 10cm。裙下摆结构同后裙片。如图 1-38 所示画右衽斜开襟。左大襟止口到右腋下点以下 2.5cm，右小襟至前中领口。

（5）画立领。中式领为合体式立领，立领高取 4cm，领围线为前领口弧线长（▲）＋后领

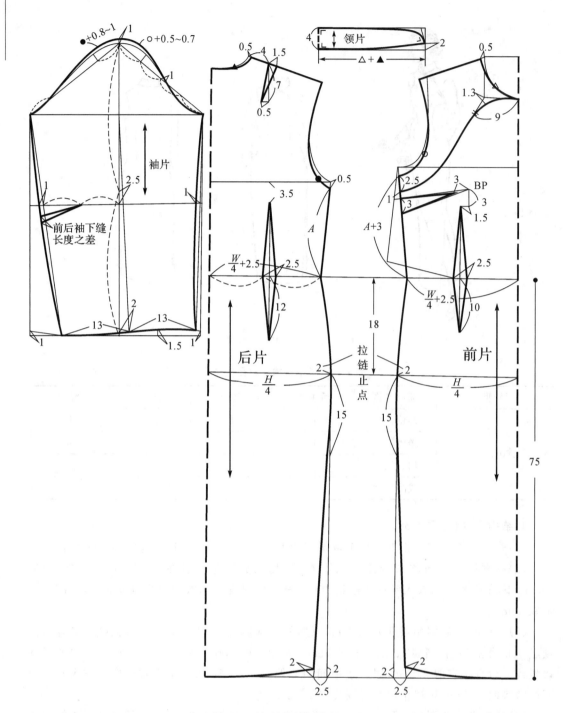

图 1-38　长袖旗袍裙结构设计

口弧线长(△),前中起翘 2cm,前领角造型为圆角。

(6)领扣在领口前中,大襟扣距领扣 9cm,腋扣在腋下大襟咀处,腰扣在门襟腰节点,末扣在门襟开衩止口,两扣在腰扣与末扣的中间。

(7)一片合体袖结构。在袖原型基础上,袖中线前移 2cm 为合体袖的袖中线,袖口围等于掌围加松份,为 24cm 左右。以新袖中线和袖口线的交点为基点,向前后取前后袖口宽等于袖口围 1/2,然后分别从袖口两端连接袖肥两端为前后袖缝的辅助线,前辅助线与肘线的交点内收 1cm,后辅助线与肘线的交点外移 1cm,重新圆顺连接前后袖弯弧线。再确定后肘线中点为肘省尖,以此作后袖弯线的垂线为肘省的上边线,省宽为前后袖弯线之差做肘省的下边线,最后修肘省两边线相等。

第二章　女衬衫结构设计

第一节　概　述

在我们的日常生活中，女衬衫为广大女性朋友所钟爱，是必备的服装品种之一。女衬衫又称罩衫，英文中用 blouse 特指女式衬衫，一般是指从肩部到中腰线或臀围线上下的妇女穿用服装的总称。追本溯源，女式衬衫是由两种服装形式演变而来的，一种是从妇女穿用的内衣中变化出来的，这类衬衫还保留有连衣裙性质，可以看出其中还有连衣裙的影子，如套头穿、在腰部束带或在下摆设计育克等；另一种是由男式衬衫（shirt）演化而来的，这类衬衫保留了男式衬衫的气质，如具有开门襟、男式衬衫领、肩部覆势、袖克夫等结构特征。

女式罩衫是在 19 世纪末出现的，在这之前，尤其是在 15 世纪到 19 世纪之间，男女服装都极富装饰性，以豪华、高贵甚至是奢侈的着装风格为时尚。1914—1918 年爆发的第一次世界大战成了人们社会生活方式、服装流行等变化的分水岭。一战是一次欧洲各国全体国民总动员的大战，男儿们几乎全部都奔赴前线，妇女成了战时劳动力的唯一资源，女性因此走出家庭，投入到社会工作中去。另外由于处在战争时期，物质资源十分匮乏，面辅料都很紧张，并要优先供应给军人，有些国家甚至规定了服装口袋的数量不能多于一个。在这样的历史背景下，人们的服装风格趋向于简单、实用，强调服装要方便人体的活动。特别是在模仿男式西装而出现了女套装之后，与男式衬衫有着同样功用的女衬衫也就更加不可缺少了。近几年随着服装流行元素的不断变化、新材料和新工艺的不断涌现，女衬衫的款式、结构、轮廓、用料等变化更加丰富，其应用的范围也更加广泛，可以适用日常服、外出服、社交服等多种场合。

一、女衬衫的种类与功用

女衬衫依据穿着的效果来分，大体上可以分为内束式和外穿式两种。

内束式衬衫是指穿着时将衬衫的下摆束进裙子或裤子里穿用的衬衫（如图 2-1 所示）。一般内束式衬衫按季节和目的的不同可以独立穿着，也可以与外面的套装组合搭配在一起穿着。由于这类衬衫腰节以下被束缚，弯腰、举手等活动都可能牵引出下摆，因而设计时要考虑有足够的松份和长度。另外，此类衬衫由于要扎进下装中穿着，为使着装者的腰部、腹部、臀部不致显得臃肿，应避免使用较厚的面料，而宜采用轻薄的、悬垂性优良的面料来制作。如果衬衫和裙子都选用同样的材料，则可以穿出连衣裙的效果，腰身收紧显现出女性的优美身段。

图 2-1　内束式女衬衫　　　　　　　图 2-2　外穿式女衬衫

外穿式女衬衫是指将衬衫下摆露在裙子或裤子外面穿用的衬衫(如图 2-2 所示)。这类衬衫作为外穿服装时,一般要与裙子或裤子等下装相配合构成一套服装,其款式设计视与下装搭配的不同而有许多的变化,在胸围的放松量上可以贴身合体,也可以肥大宽松,还可以有类似套装的结构特征;在衣身的长短上可以在腰围和臀围之间或臀围以下自由选择。不同长度的上装和下装配合决定了上下身的比例变化,体现出不同的着装风格,既可显现活泼轻快,也可表现稳重大方。有的外穿式女衬衫还在下摆处设计了形似腰带的育克造型,这一般见于短上装,能产生活泼而年轻的感觉。

二、女衬衫面料的选择

随着人们物质生活水平的提高,高质量的衬衫对人们的穿着已显得日益重要。衬衫要求穿着舒适,凉爽,柔软,轻盈,色调柔和,文雅大方。

以天然纤维尤其是棉、麻和丝绸为原料的衬衫面料穿着舒适,手感柔软,透气性和吸湿性好,深受广大消费者的喜爱。但是,天然纤维存在保形性差、易起皱、不耐汗渍等缺陷。以丝绸面料为例,其外观形态飘逸,悬垂性好并且光泽感强,一向都被人们视为高档的服装用料,在 20 世纪 90 年代初曾经是很流行的女衬衫用面料。但丝绸面料有洗后需要熨烫、保养麻烦、色牢度差等缺点。而以合成纤维为原料的衬衫面料具有强度高、色牢度高、不易起皱等优点,但有手感硬、光泽似金属、透气性和吸湿性差、穿着不舒适、静电荷大易吸附灰尘以及吸附染料性能差等缺点,也很难在女衬衫面料里占有很大的份额。实际上,现在比较常用的衬衫用料还是棉织物,或是棉和合成纤维混纺的织物。

可做衬衫衣料的面料很多,可根据不同季节的要求来挑选合适的料子。

(1)夏季穿着的衬衫料

棉布中的平布、府绸、麻纱、细纺布细薄平整,吸湿性好,泡泡纱、凹凸轧纹布、绉布质地细薄凉爽、吸汗不粘身。化纤织物有涤棉细布、涤棉府绸、涤棉麻纱、涤纶仿真丝料,质地轻薄挺爽,易洗快干。丝绸中的真丝双绉、乔其、碧绉、缎条绉,质地轻柔,坚韧耐穿,凉爽舒适。麻织物的麻布及棉麻混纺织物,具有透气、凉爽舒适、吸汗不粘身、防霉性好等优点。

(2)春秋季穿着的衬衫料

棉布有花平布、提花布、色织女线呢、条格布、罗缎、杂色和印花直、横贡缎;化纤织物有薄型中长花布、薄型针织涤纶面料;丝绸的真丝冠乐绉、重磅真丝料、双宫绸、素绸缎、真丝呢等,这些布料坚实耐穿,价格适中,经济实用。但化纤料的透气吸湿性不十分理想,这是此类面料不能大量使用的主要原因。

服装面料的选择不是用那么简单的几句话就可以概括的,它还与具体的款式风格有极大的关系,对于这一点在后面几节中会具体涉及。

第二节　女衬衫基本款结构设计

本节以一款最常见、普通的女衬衫款式为例来阐述女衬衫的基本结构,这是往后进行女衬衫结构变化的基础。

一、款式特点

图 2-3 所示的女衬衫在日常生活中随处可见,基本特征是衣身呈现 H 型轮廓。为体现半宽松的着装状态,前片设计了一个腋下省以突出女体的胸部,前后衣身没有腰省;衣身长度适中,底摆为平摆,在人体臀围线稍下的位置;领子是翻领,有一定的领座高度;袖子为长袖,袖口设计了袖克夫;门襟是简单的单门襟。这款女衬衫作为衬衫的基本型,无论在胸围放松量、衣长还是局部的结构特点上都是比较标准的,很传统,基本不受流行时尚的影响,可以与裙子、裤子、套装等组合,适合于各种场合的穿着。

图 2-3　女衬衫基本款式

面料宜选用轻薄、柔软的天然纤维织物,也可选用一些与棉、丝绸有类似风格的化纤织物。

二、规格设计

表 2-1 所示为女衬衫基本款成品规格设计表。

表 2-1　女衬衫基本款成品规格　　　　　　　　（单位:cm）

号/型	部位名称	后中长	胸围	腰围	袖长
160/84A	部位代号	L	B	W	SL
	净体尺寸	38	84	66	
	加放尺寸	21	14	26	
	成品尺寸	59	98	92	55

三、结构设计

1. 衣身(见图 2-4)

(1)胸围放松量

此款衬衫可作为衬衫的基本型,各个部位的设计与原型的结构接近。胸围的放松量采用在原型的基础上追加 4cm,松量一般分配在前后侧缝上,两者取值可以相等。胸围一周的松量共达 14cm 左右,属于半宽松的状态。如果追求更高的合体度,也可以将胸围放松量减少到 8~12cm。如果减少胸围放松量,最好在衣片上加入前后腰省,以平衡衣身。若选用弹性面料,则可取更小的胸围放松量,为 4~6cm。

(2)后中长

衣长在后片的原型上追加 21cm,前片也追加 21cm,这样底摆大约会处在人体臀围附近。

(3)前后领口线

原型的领口线是通过人体的后颈点、侧颈点、前颈点的一条圆顺的弧线。本款式的衬衫设计了一个翻领,在原型上开大领口,前后侧颈点各开大 0.5cm,前颈点下降 1.5cm。

(4)搭门

搭门的大小完全取决于纽扣的直径,纽扣越大,搭门越大。衬衫类服装常用轻薄类面料,所用纽扣直径一般为 1~1.3cm,所以搭门取 1.5cm 为最常见,当然少数取 2cm 或1.8cm都有可能,要根据采用的纽扣大小决定,这里是取用 1.5cm。

(5)前后肩线

前后肩线与基本样板的肩线一致,后肩线保留肩胛省,如果不设计肩胛省,则将省道的量直接在后肩点减掉,使前后肩线平衡。

(6)前后袖窿弧线

前后袖窿底点下降 1cm,这个下降量的大小可以自行设计,但为了与胸围平衡,建议下降的量与后胸围线处加放的量比较接近为宜。

(7)前后侧缝线

前后侧缝收腰 1~1.5cm,一般在衣片的侧缝位置收腰量宜少一些,否则,衣摆外翘,整体的均衡感不佳。前片取腋下省 2~2.5cm,根据侧缝线必须相等的原则,前片侧缝长度＝

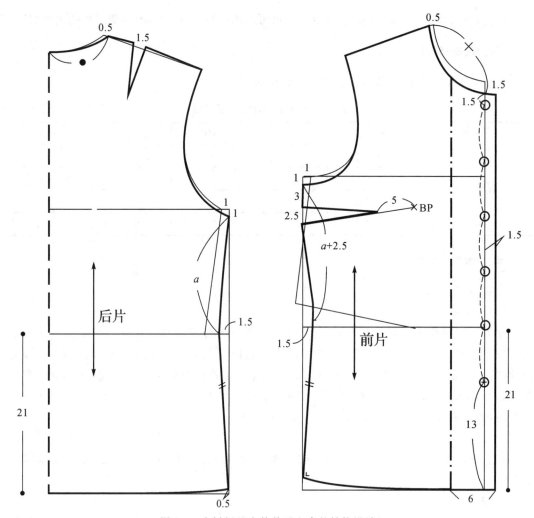

图 2-4　女衬衫基本款前后衣身的结构设计

后侧缝长度＋2～2.5cm。前片的腰节对位点自然需要提高。测量腰节线下后侧缝线的长度，与前侧缝长度相等，则可决定前衣片底摆的起翘量。如图画腋下省，省尖距离 BP点 5cm。

（8）扣眼位

第一颗纽扣位于领口线下方 1.5cm 处，最下边的纽扣距底摆线 13cm，等分这两颗扣之间距，其等分点就是其余扣眼的位置。

（9）贴边

贴边可大可小，小些省料，但太小会让人感觉档次较低。这里与前门襟止口线平行取 6cm。

（10）丝缕

止口线方向取面料的经纱。

2. 领子(见图 2-5)

此款的领子属于翻领，采用翻领的制图方法。有关女衬衫常用领子的类型及其结构原理和结构设计的方法、步骤在紧接着的第三节有专门的详细论述。图 2-5 只着重交代与款式特征相符的翻领的结构。

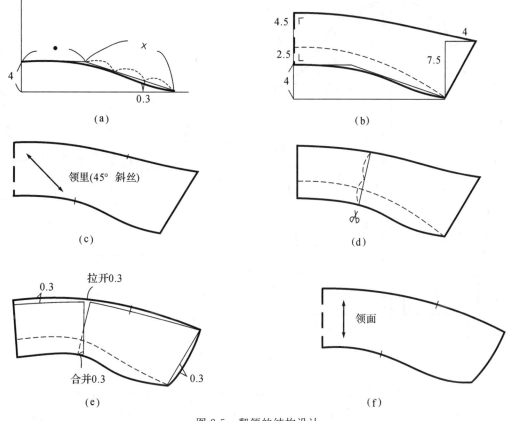

图 2-5　翻领的结构设计

（1）直上尺寸

根据款式特点选择翻领的直上尺寸 4cm，在一般的衬衫用料情况下，成型后的翻领能形成 2.5cm 领座和 4.5cm 领面。

（2）领里

由正斜丝制作的服装领子会非常服帖、美观，所以如图 2-5（c）所示取 45°的正斜丝是最理想的，当然这种情形也是最耗费面料的，为了节约面料可以在领子的后中心线处断开。

（3）领面

服装领子领面的尺寸一般会比领里稍大一些，目的是提供领子里外匀所需要的松量。所谓里外匀就是指领子制作完成后，领面的四周比领里大一些，领子下翻时领面能完全盖住领里，因此领面的尺寸可在剪切操作领里的基础上获得。如图 2-5（d）所示，过领子的侧颈点并垂直于领底口线和外口线作一条剪切线，然后将该线二等分，以这个等分点作为样板的旋转点，在领外口线处拉开约 0.3cm 的松量，而在领底口线处合并约 0.3cm 的量，最后在领口线和领角处都放出 0.3 的松量，具体见 2-5（e）。图 2-5 中的（f）即是剪切处理后的领面结构，领面按图取横丝。

3.袖子（见图 2-6）

同样，有关女衬衫常用袖子的类型及其结构设计的方法、步骤在本章的第四节有专门的详细论述。这里仅针对图 2-4 所示的女衬衫款式进行结构制图。

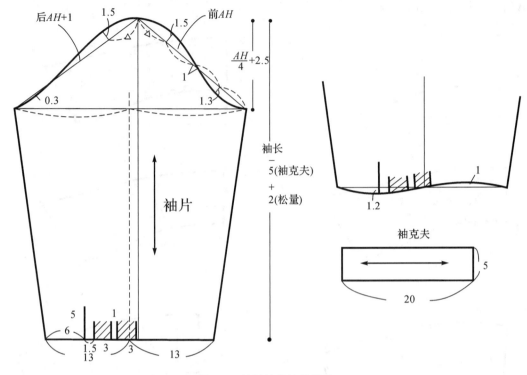

图 2-6　衬衫袖的结构设计

（1）袖山高

袖山高按照公式 $AH/4+2.5$cm 计算，这是衬衫类袖子常见的计算公式。如果希望设计一个较为宽松的袖片，则可以使袖山高更低一些，相反如果希望获得较为合体的袖片，衬衫袖的袖山高也可以按照 $AH/3$ 来取值。

（2）袖肥

在袖山高事先确定的情况下，前袖肥依前 AH 截取，后袖肥依后 $AH+1$cm 来截取。通过这个数值得到的袖山曲线长度大约比袖窿的长度长 2.5～3cm，此量是缝制袖子时的吃势。制图时可以通过调整截取前后袖肥的袖山斜线的长短来控制袖子吃势。前袖吃势太多，就减短前袖山斜线；太少就加长前袖山斜线；当然，如果后袖吃势太少就加长后袖山斜线，总之，用来截取袖肥的前后袖山斜线的计算公式不是一成不变的，可以按照款式、造型的要求以及面料的性能加以灵活的调整。

（3）袖口线

为了获得左右平衡的袖缝线，先找出袖肥的中线，然后在此中线的两侧各取袖口尺寸的一半，这个款式的袖口大取 26cm。由于袖口是打两个褶裥，袖口线可以是直线也可以是弧线，如果女衬衫的袖口是打碎褶，则宜取曲线形式。

（4）袖长

衬衫袖的长度在基本袖长的基础上加上 2cm 的松量，它可以为曲臂运动提供必要的松量。

（5）丝缕

袖片的长度方向取面料的经纱，袖克夫也习惯取直丝。

第三节　女衬衫结构设计原理及变化

女衬衫的款式非常丰富,衬衫的衣身、领子、袖子、门襟和袖克夫等局部都有很多的变化,但无论如何,万变不离其宗,总是有一定的规律可以遵循的。

一、女衬衫常用领型的结构设计原理及变化

首先就女衬衫中领子的结构设计、变化原理作一些阐述。可以说现有的各种领型都可以应用在女衬衫上,但在女衬衫款式中比较常用的领型是立领、翻领、平领、男式衬衫领以及各种花式领等。

1. 立领的结构设计

立领是指从领口线起始,沿着脖颈立起来,只有领座,没有领面,没有翻折关系的一类领子。立领造型简洁,非常实用,是我国传统服装——旗袍的专用领型,故立领在国外就被称为中式领。

(1)立领的立体造型原理

为了明白立领的造型规律,我们先来做一个直线式立领的立体造型实验。为使立领的后部不致滑脱而离开脖子,一般需要修正衣片的后领圈弧线,即抬高后颈点 0.3cm,如图 2-7 (a)的衣片结构图中的粗实线部分,然后测量粗实线部分的长度。裁剪一块长方形的面料,该长方形的长度等于前后衣片领圈的弧线长度之和,宽度是一设计值,根据具体的款式要求而确定(如图 2-7(b))。这里值得一提的是由于人体的脖子的长度是有限度的,领宽设计应该在一定的范围内,一般控制在 6~7cm 以内,以不影响人体颈部的舒适性为前提。

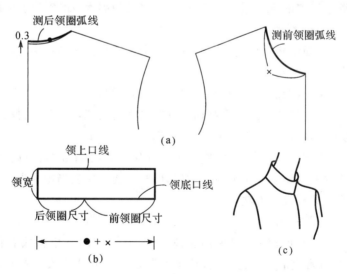

图 2-7　直线式/立领的立体着装效果

长方形的领子与衣身缝合在一起,其着装效果就如图 2-7(c)所示。领的上口远离脖子,与脖子之间存在许多空隙,显然空隙的产生是源于领上口弧线的长度大于脖子的围度。如

果将脖子与领子之间的多余空隙以省道的方式掐起来，就成为与颈部形态特征相吻合了，由图 2-8(a)可见领子上口的长度变短，领子的立体造型由原来的圆柱体变成上小下大的圆台结构。叠合空隙后之立领造型的平面展开也由图 2-8(b)给出，注意观察领子领片的上下端由于叠合都由原来的直线转化为弧线，领子的上端线变成凹弧，长度比原先有所减短；领子的下端线由直线变为凸弧，长度不发生变化。如果将领上口的空隙量叠合得再多一些，也就是领子上端的长度更短，更加贴紧脖子，将其状态展开成平面后可见领片的下端线的凸度比原来的更大(见图 2-9)。

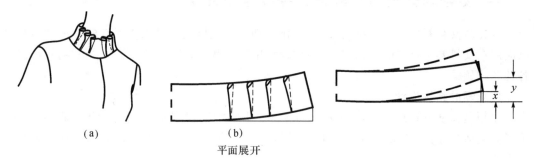

(a)　　　　　　　　(b)
平面展开

图 2-8　领上口线变短之后的着装效果及其平面样板　　图 2-9　立领的平面结构设计原理

(2)立领的平面结构设计原理

在进行立领的平面结构设计时，是通过领底口线的起翘量(图 2-9 中的 x 和 y)的大小来控制立领的合体程度。起翘量应该根据立领与脖子的贴合程度决定，立领越贴紧脖子，也就意味着圆台的锥度越大，领上口线的长度应该越短，领底口线的凸度越大，则起翘量应该选择越大；反之，起翘量越小，领上口线越长、领底口线越趋向于直线，成型后的立领越离开脖子。设计时，除了以上的指导原则之外，还有许多其他因素，如脖子的运动机能、领子与脖子之间的松量等也必须考虑。

那么在立领的平面结构设计过程中到底该如何来选择立领的前中起翘量呢？通过反复实践，获得关于起翘量的经验公式：

$$起翘量＝(领底口线长－领上口线处的颈围)÷3$$

这个公式只作为一般合体的立领结构设计时的理论依据，在实际的操作中，可以直接采用经验数值更为便捷，在常见的立领中，起翘量选用 1～2cm 最为常见，当起翘量大于 2cm，强调了立领的抱脖程度，但这时要注意在领上口处保留大约 2cm 的松量。当起翘量是 3cm 以上时，就会产生立领太贴紧脖子的不舒适感，此时就要考虑适当挖大衣片的领圈。

(3)立领的平面结构设计方法

1)普通立领(见图 2-10)

立领的平面结构设计方法一般采用脱离衣片，直接利用直角方法获得结构图。如图 2-10所示的立领在日常生活中最为常见，其应用非常广泛，可以在女式衬衫、夹克、套装以及大衣中设计应用。当然在不同的设计中，其领底口线的起翘量与领宽的大小都是依据具体款式领子的立体造型而确定的。

其结构制图步骤如下：

①画两条垂直相交的直线，在竖直线上直接取立领的领宽，这里为 4cm。

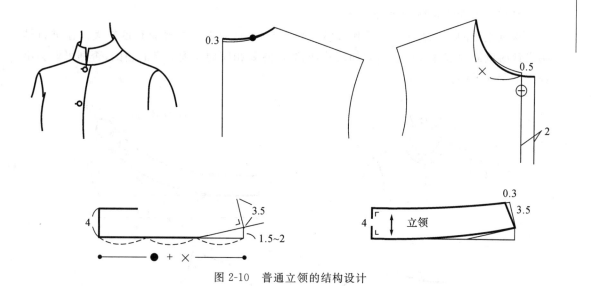

图 2-10　普通立领的结构设计

②在水平线上从左到右以前后领圈线长度之和取点,此点即是前中心点,竖直向上取起翘量 1.5~2cm。

③将水平的直线分成三等分,连接靠前中心的等分点与起翘点,然后过起翘点作连接线的垂线,在垂线上取 3.5cm,常见的前领中心宽度小于后领中心 0.5cm。

④以微凸的弧线画顺领底口线,用与领底口线相类似的弧线画顺领上口线。

⑤为使立领成型后,领前中心能竖直,即与前门中心呈平行,将领前中心线修进约 0.3cm。

2)旗袍领(见图 2-11)

旗袍领是我国传统女装——旗袍的特用领型,也常见运用在其他的中式服装上。当然,现在的旗袍领的上口线的形状有各种变化,并不局限于传统的圆弧造型,以体现出当代的流行气息。

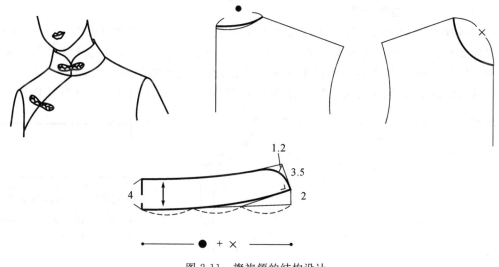

图 2-11　旗袍领的结构设计

3)翘度较大的立领(见图 2-12)

这款立领的立体着装效果是比较趴向脖子的,也就是领子的倾斜程度较大。在进行结构设计时就需要选择大一些的起翘尺寸,同时注意要相应地挖大衣身的领圈,否则可能会出现太抱紧脖子的弊病。

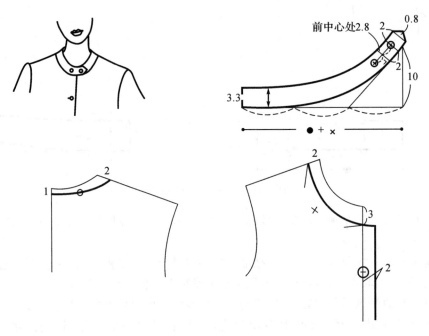

图 2-12　翘度较大立领的结构设计

2. 翻领的结构设计

翻领是指后面有领座,而前面沿着翻折线自然消失的关门领。翻领根据衣片领圈开口的大小、领座的高低、领宽的大小、领尖的形状以及所使用材料的不同有很多种变化,使用范围非常广泛。

（1）翻领的立体造型原理

以翻领的领座高和领面宽之和为宽、前后衣片的领圈弧线长之和为长作一长方形的样板(见图 2-13),再以此样板裁剪长方形的面料缝合到衣身上。在人台上自然地翻出领折线,领尖向左右分列,领子后中心出现领座与领面,其着装效果如图 2-14 所示。从图中可见,后领的领面上爬,无法盖住装领线,装领线外露明显。在长方形领的外领口剪切领子以

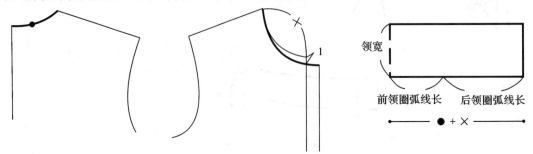

图 2-13　翻领的长方形样板

加长领外口线的长度(见图2-15(a)),经过这样剪切,领面就完全可以盖住领座,装领线就隐藏在领面之下了。图2-15(b)是经立体剪切后的领子的平面展开图,由图可以看出,领子的样板已经由原先的长方形转变为现在的带有弧度的形状了。领子底口线的长度并没有改变,但形状已由原来的直线变化为一条凹弧线,领外口线由原来的直线变为凸弧线,且长度变长。与立领的造型原理相类似,领底口线弧度的凹度大小是制约翻领成型后立体造型的关键。

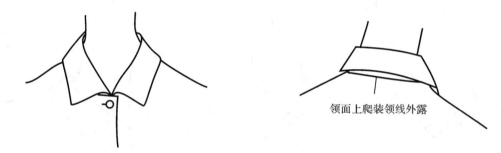

图 2-14　长方形翻领的着装效果

(a)　　　　　　　　　　(b)

图 2-15　长方形翻领剪切后的着装效果及平面样板

(2)翻领的平面结构设计原理

在翻领的平面制图中,习惯以直上尺寸来量化翻领领底口线的凹度,如图2-16选取了三个不同直上尺寸制作样板,A,B,C三个样板的直上尺寸分别为1.5cm,4.5cm,7.5cm,各自以三种不同的线型表示。各个样板的成型效果图也由图2-16给出,仔细观察可知直上尺寸越小,领底口线的弧度越小,领外口弧线越短,成型后领子的领座越高,如图(a)的效果;反之,直上尺寸越大,领底口线的弧度越大,另外口弧线的长度越长,成型后领子的领座越低,越趋向于平领造型,如图(c)的着装效果。

(3)翻领的平面结构设计方法

1)普通翻领(见图2-17)

翻领的平面结构设计一般利用直角形的方法,具体的制图步骤是:

①根据款式的领子特征修正衣片的领圈线,这里前后侧颈点都挖大0.5cm,前颈点下降2cm,然后再测量修正后的后领圈弧线长"●"和前领圈线弧线长"×"。

②画垂直相交的两条直线,在竖直线上取直上尺寸,如前面的造型原理可知直上尺寸的选择取决于翻领的立体造型特征,即领座高与领面宽之间的比值,有时还需要考虑面料的性能,这里取4cm,直上尺寸的选择通常凭经验确定,3~4cm是常用的数值,一般都能形成外观优美的领型。

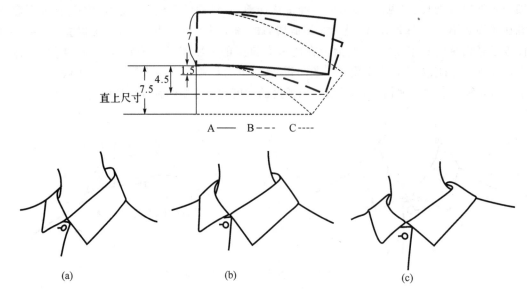

图 2-16　翻领的结构设计原理

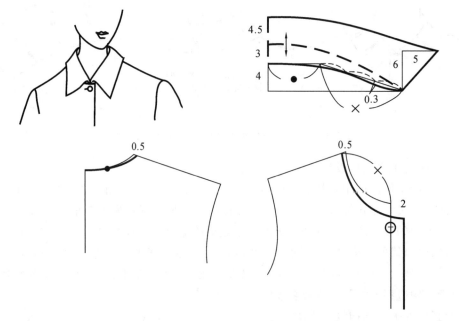

图 2-17　普通翻领的结构设计

③过直上尺寸点作竖直线的垂线,在此垂线上取后领圈弧线"●"的长度,再过此末端点以前领圈弧线"×"的长度向水平线截取一点,此点即为领子的前中心点。为了翻领的领底口弧线的形态在前中心部分与衣片的领圈线形态比较接近,取三等分点下凸0.3cm取弧线。

④在竖直线上取领座高3cm和后领面宽4.5cm,最后依据领尖的大小和角度设计出理想的领外口线。领外口线完全就是一条设计线,取决于领子的形状。

2)带领结的翻领(见图2-18)

如图所示的款式从领座与领面的相互关系上来说就是翻领,所以把它称作带领结的翻

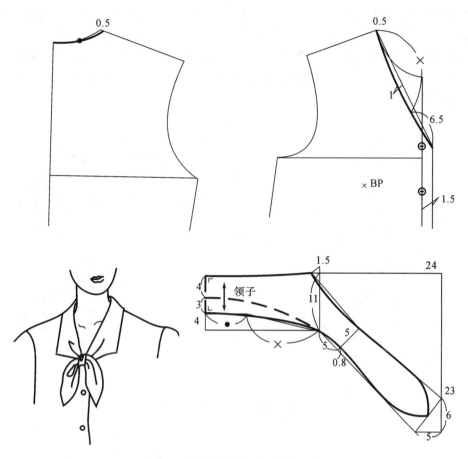

图 2-18　带领结的翻领的结构设计

领。此领在翻领上结合了领结,使其看起来更加有女性气质,常常会应用在女式衬衫的领子设计中,宜选用悬垂性优良的轻薄类面料制作。利用翻领的制图方法来设计样板比较简便,如图直上尺寸取 3cm,领座与领面各取 3cm 与 4cm,领角和领结的形式完全有赖于领子的外观形状,举例所用的尺寸并不是唯一的正确答案。

3. 平领的结构设计

平领是指领座极低、领面宽和领座高之间的差量较大、领面平平地贴合在人体肩背部的一类领子,它实际上是一种特殊的翻领。平领根据领宽和领口形状的变化,可以设计出各种各样的领子,在女装和童装中被广泛使用。

(1)平领的立体造型原理

如图 2-19(a)所示,将前后衣片的样板在肩线处、侧颈点处对合后,一笔画出前后衣片的领圈线,然后后领口外放 0.5cm,侧颈点外放 0.5cm,修正领圈线以获得领子的领底口弧线,领面的宽度是一设计值,这里以 9cm 领宽做一平领作为着装实例。上述的样板用白坯布裁剪后与衣身缝合在一起,领子完成后就如图 2-19(b)所示的状态。平领成型后在后领中心处产生约 0.5cm 左右的领座,前中心处则平坦过渡,几乎不存在立起的领座。如果希望把领子的领座升高,则应该设法将领子的领外口弧线的长度减短,在这个平领实例中可以通过在领外口处用别针别出几个省道以达到减短弧线的目的(见图 2-20(a))。别完省道后领后中心就爬升至能使其稳定的位置,从而使领座升高。与此相反,如果在做省道的位置切展领子(见图 2-20(b)),领子的外口弧线加长,其稳定位置下移,原有的领座就消失了,有领座的平领就会演变为水波纹的形状,这种领子由于其形状酷似荷叶,被称为荷叶领,荷叶领具有典型的女性气质。图 2-20(c)所示的是实例中的平领经过在立体状态下做省道或切展处理后的领子的平面结构展开图。

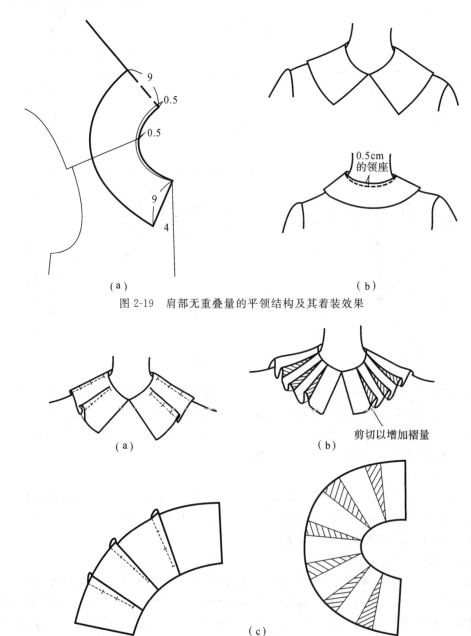

（a）　　　　　　　　　　　　　　　　（b）

图 2-19　肩部无重叠量的平领结构及其着装效果

剪切以增加褶量

（a）　　　　　　　　　　（b）

（c）

图 2-20　具有一定领座的平领荷叶领的平面样板

(2)平领的平面结构设计原理

图 2-21 所示是将前面所述的三种平领的平面结构重叠画在一起的,从图中可以看出不

同领座的平领和荷叶领的领外口线的差异,这种差异也正是构成了平领的造型原理。领子的领底口弧线的凹度越直,如图中的平领 A(即图中虚线部分),领外口弧线的长度就越短,成型后平领的领座就越高;反之,平领的领底口弧线的凹度越曲,领外口弧线的长度就越长,成型后平领的领座就越低,甚至消失,如图中的平领 B(即图中实线部分);如果领底口线比衣片领圈线的曲度更大,也就意味着领外口线的长度增加到平领的极限,领面出现了多余的波纹,此时的平领就已经演变为荷叶领了,如图中的平领 C(即图中点线部分)。

在实际的平领结构设计过程中,一般通过控制衣片肩端点重叠量的大小来间接控制成型后平领的领座高低。不难理解,当前后肩线的重叠量取值越大时,领外口弧线越短,成型后平领的领座越高;反之,前后肩线的重叠量取值越小,领外口弧线越长,成型后平领的领座越低。当然,从另一个角度来说在进行平领结构设计时前后肩端点的重叠量完全取决于领子的造型特征。

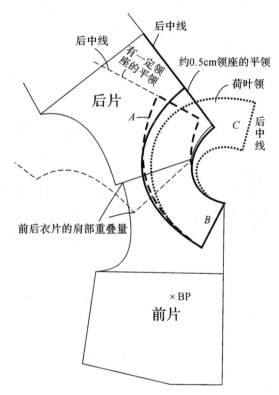

图 2-21 平领的结构设计原理

(3)平领的平面结构设计方法

平领的造型方法有两种,一是与翻领的造型方法完全一致,仅是直上尺寸的取值大大增加以获得凹度较大的领底口弧线,但这种方法不够准确,用得较少;另一种方法是以前后衣片的领圈线为基础来设计平领的平面结构。

1)铜盆领(见图 2-22)

铜盆领具有典型的平领特征,领座极低,前领角成小圆弧状,显得很可爱,是女童服装设计者最喜爱使用的领型之一。平领的领座高低是根据设计的要求确定的,并没有一定的数值要求,仅是领面与领座差量的感觉。

其结构制图步骤如下：

①领圈线。先根据款式的具体要求修正前后衣片的领圈线。

②领底口弧线。将已经完成的款式衣片在侧颈点处对合，并且在前后肩点的位置重合一定的量，这里可取前肩宽的 1/4，大约是 3cm，然后将款式衣片的后颈点、侧颈点外放0.5cm，前颈点下降0.5cm，依次通过这三点画顺所得的弧线即是领片的领底口弧线。

③领外口弧线。这是一条设计线，完全依照领子的形态特征来确定。

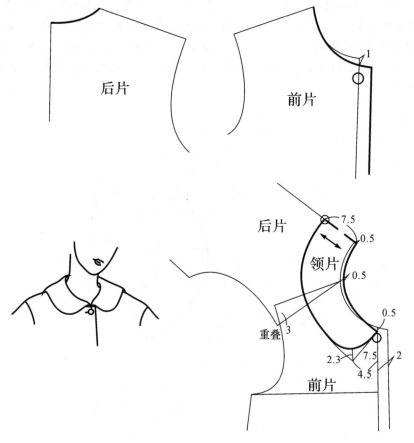

图 2-22　铜盆领的结构设计

2)海军领(见图 2-23)

海军领属于领面较宽的平领，来源于海军军服，故称为海军领。海军领最多见于中小学生女生的制服上，显得朝气蓬勃、活泼天真。与前面的铜盆领相比较，海军领的领口形状有了很大的变化，前颈点向下开深呈"V"字造型。开深量有大有小，领外口线的形状也有方形和圆形，有套头和开门襟等的变化，但变化都是在领子的某些细节上，其大体上的感觉还是不变的。

在进行海军领的结构设计时，一定要先将前后衣片的领口线按照款式的感觉完成，然后在此基础上再进行领片的设计。

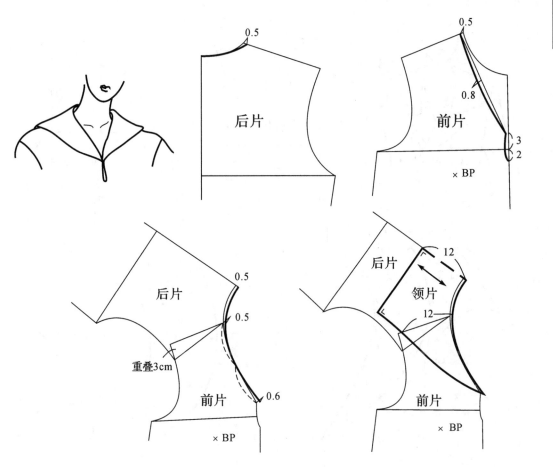

图 2-23　海军领的结构设计

3)带波浪褶的平领(见图 2-24)

波浪褶具有十足的女性气质,在女装的领子、衣身、底摆、袖口等各个部位都可以设计,春夏季的衬衫和连衣裙更是常见。如图 2-24 所示的款式是在平领的基础上设计了单个的波浪褶。如果波浪褶是均匀而细密地分布,就成为层层叠叠的荷叶领。

在进行此类领子的样板设计时,先想象成是没有褶裥的领子,将这样的领子样板绘制妥当,然后再根据褶裥的方向和个数剪切事先完成的领片,每个切口加入相应的褶量。增加的褶量大小完全取决于款式特征,波浪大则加量多,反之则少。最后用圆顺的曲线连接剪切后的图形,完成结构制图。

4. 男式衬衫领的结构设计

男式衬衫领(见图 2-25)是因常使用在男式衬衫中,已经成为男式衬衫的经典领型而得名的。它由领台和领面经过缝纫拼接而成。这个领型如今也广泛地应用在女衬衫中。

该领子的领台是一立领结构,遵从立领的造型原理,即立领的起翘尺寸越大,领台就越倾向脖颈,有抱紧颈部的趋势;反之,立领的起翘尺寸越小,领台就有越远离脖子的趋势。男式衬衫领的领台起翘量常用 1.5～2cm。领面遵从翻领的造型原理,即翻领的直上尺寸越小,领面就越贴紧领台;反之,领面与领台之间的空隙就越大。一般地,领面的直上尺寸可以

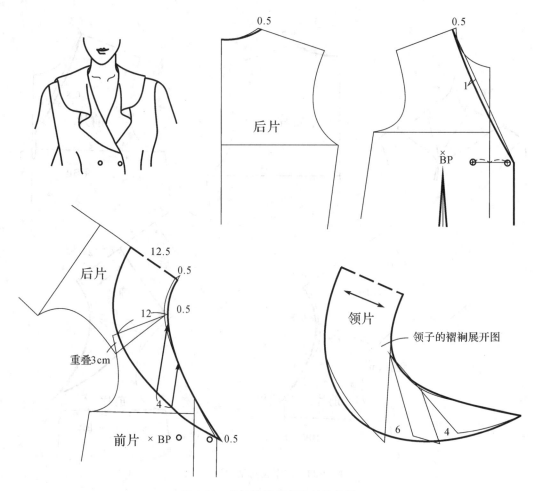

图 2-24 带波浪褶平领的结构设计

取等于或稍大于领台的上翘尺寸。

如图 2-25 所示,立领的高度取 3cm,领面取 4.5cm,这是一个常用的男式衬衫领的领台和领面的宽度取值。另外,为了立领成型后,左右领面能吻合而不是重叠,领面的前中位置在领台的前中点基础上往后中心方向移动 0.5cm,具体可见放大图。

男式衬衫领的平面结构设计方法就是将立领与翻领的方法结合在一起。取料一般取直丝,如图中所示的丝缕方向,但当应用在女衬衫时,根据具体的设计要求也可以取横丝。

二、女衬衫常用袖型的结构设计原理及变化

下面就在女衬衫中常用的泡泡袖、灯笼袖、花瓣袖、喇叭袖、合体衬衫袖、宽松衬衫袖等各类袖型的结构设计原理及方法作一论述。

1. 泡泡袖结构设计

泡泡袖(如图 2-26 所示)是指在袖山头部位抽褶的一类袖子,可以分别应用在长袖、中袖、短袖等袖型上。它的造型变化主要有:褶裥的形式——可以是抽无规律的碎褶,也可以在袖山头的两侧均匀地排列褶裥;泡泡的大小——泡泡的形成是通过剪切袖山头部位样板,

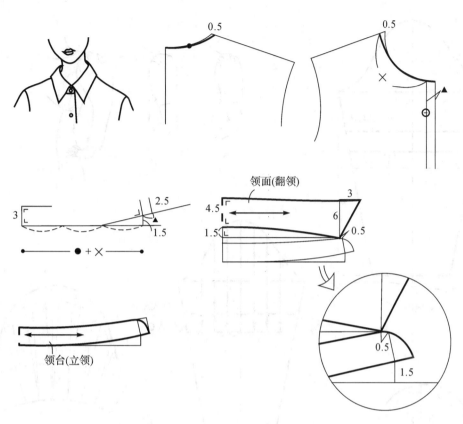

图 2-25　男式衬衫领的结构设计

并在每个切口中加入适当的松量来达到的,松量的多少就直接决定了袖子泡起程度的大小。泡泡袖除了在袖片中加入横向的松量外,一般还要追加纵向的松量以形成在袖山头的完美泡势,3cm 的纵向松量较常见。图中 A 款是最常见的泡泡短袖,应用在女童或青少年的服装设计中;B 款是规律排列的褶裥,相对较为成熟;C 款又称羊腿袖,是上宽下窄的长袖,在前臂比较合体,袖口应该利用腕围尺寸来控制。

2. 灯笼袖结构设计

灯笼袖(如图 2-27)是一种上下两端收紧、中间宽松、造型酷似灯笼的一类袖型。与泡泡袖相类似,在袖山头部位加入松量形成泡泡的感觉,在袖口则利用松紧或袖克夫收拢。图中 A 款是短袖,袖口用松紧带收拢,很可爱,在童装中常用;B 款是中袖,袖口用窄边的袖克夫,对于有袖克夫的情形,后袖片的长度应该稍微增加以使后袖口有足够的泡起分量。C 款是长袖,袖克夫宽度是 4.5cm,这是常用的女衬衫袖克夫的大小。

3. 喇叭袖结构设计

喇叭袖(如图 2-28 所示)是指上窄下宽、造型酷似喇叭的一类袖型。它的袖口往往大于袖肥,常用的有短袖、中袖和长袖等。喇叭袖由于切展样板方式的不同,其造型又有一些细微的区别,图中 A 与 D 款式的袖片上部相对于 B 与 C 款式的上部有较大的袖肥。A 与 D 款式可以通过平行均匀地剪切样板中线的左右侧,如图所示在袖口增加松量,显而易见这种切展方式必然会增加袖肥处的松量。加松量时一般需要遵从后片的松量大于前片的原则,以形成活动方便且造型优美的袖片造型。款式 B 和 C 是通过剪切袖中线和袖肥线来展开

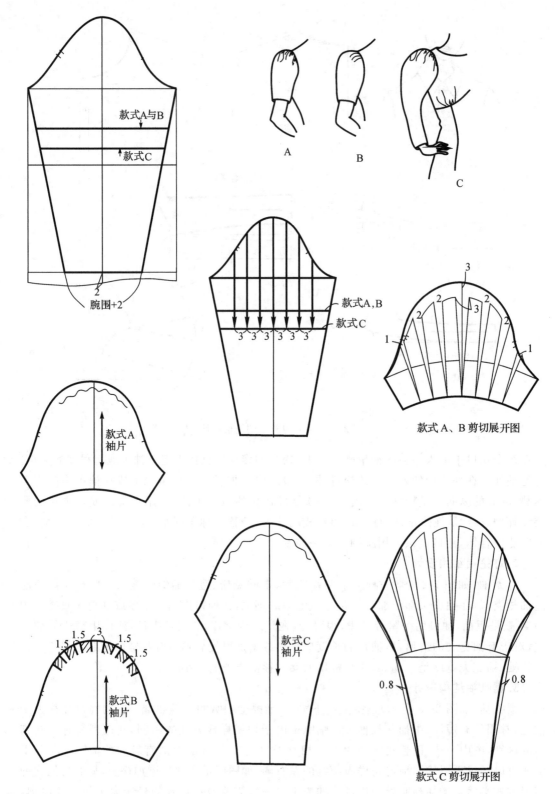

款式A与B

↑款式C

腕围+2

款式A,B

款式C

3 3 3 3 3 3

款式A
袖片

款式B
袖片

款式C
袖片

款式 A、B 剪切展开图

1.5 1.5 3 1.5
1.5 1.5

3
2 3
2 2
2 2
1 1

0.8 0.8

款式 C 剪切展开图

A B C

图 2-26　泡泡袖的结构设计

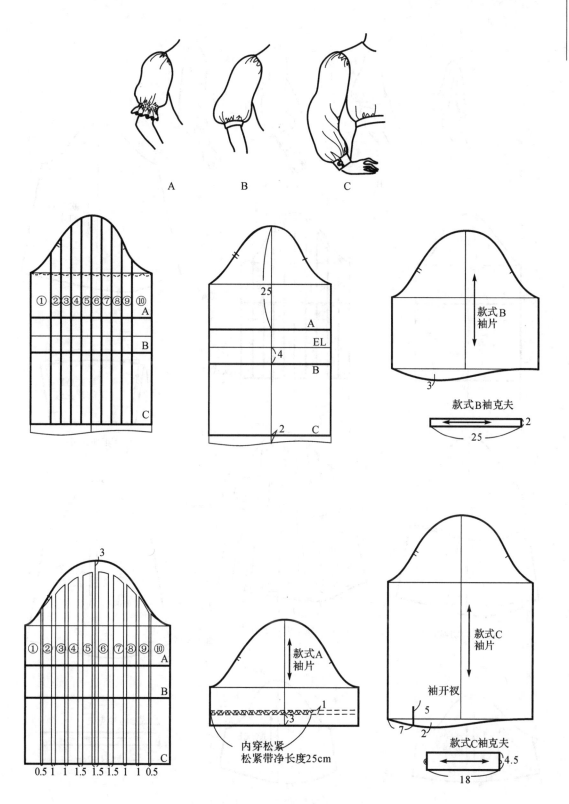

图 2-27　灯笼袖的结构设计

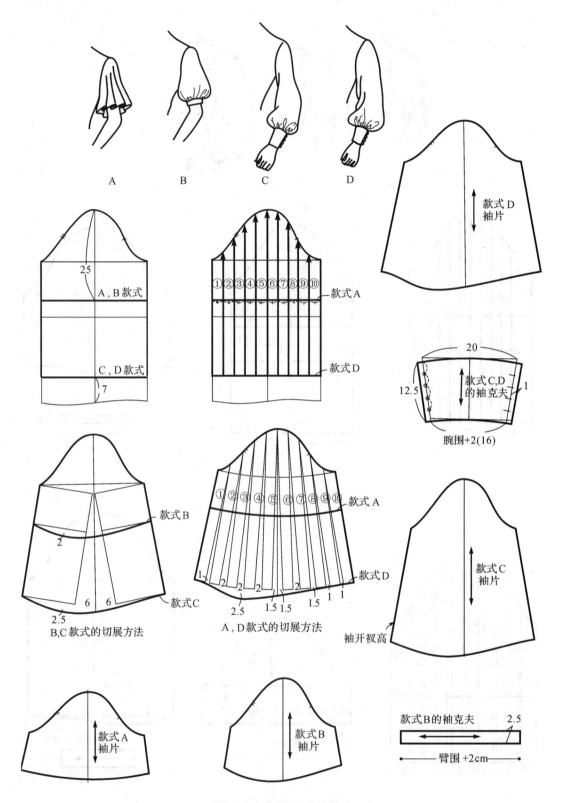

A B C D

25

A, B 款式

C, D 款式

7

款式A

款式D

款式D
袖片

20

款式C,D
的袖克夫

12.5   1

腕围+2(16)

①②③④⑤⑥⑦⑧⑨⑩ 款式A

款式B

2

6   6

2.5

B,C款式的切展方法

①②③④⑤⑥⑦⑧⑨⑩ 款式A

款式D

1   2   2   2   1 1

2.5   1.5 1.5   1.5

A, D款式的切展方法

款式C
袖片

款式C

袖开衩高

款式A
袖片

款式B
袖片

款式B的袖克夫   2.5

臂围 +2cm

图 2-28 喇叭袖的结构设计

样板的,这种切展方式不会使袖肥有任何的增加,但袖口处的松量太过集中于袖中线处,与前面的方法相比,均衡感会差一些。款式 C,D 的袖克夫很宽,袖克夫的样板就应该设计成上宽下窄的圆台结构,这样才能与人体前臂的圆台结构相合。

4. 花瓣袖结构设计

花瓣袖(如图 2-29 所示)的造型别致而奇特,其由于酷似花瓣的形状而得名。一般的袖子会在袖底处缝合,但花瓣袖可以不需要拼缝,它在袖山部位的左右两边相互交叠,交叠的袖缝沿边成弧形,整体形成类似花瓣样的袖子。花瓣袖的样板设计应先在袖片的基本样板上确定花瓣的交叠位置,并画出袖口弧线,然后将袖片的袖底缝拼合。注意要在袖山头的重叠部位处打上对位刀眼。花瓣袖的造型变化常见的有两种:一是平坦的袖山头(图中的 A 款);另一是泡泡的袖山头(图中的 B 款)。A 款较为简单,而 B 款则可以在 A 款的基础上剪切追加出袖山头的碎褶量。

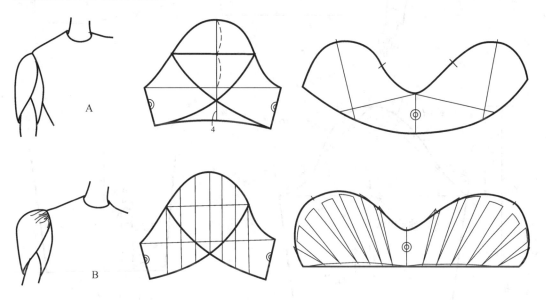

图 2-29　花瓣袖的结构设计

5. 合体衬衫袖结构设计

合体衬衫袖(如图 2-30 所示)是指袖肥较小、袖口较窄、穿着后与手臂较贴合的一类女式衬衫袖。近年来,女装流行合体、紧身的造型,女衬衫也是越做越小,甚至使用弹性面料以弥补板型合体之后带来的活动松量的不足。图 2-30 中所示的女衬衫袖的袖山高大于常用数值,按照 $AH/3$ 的公式来计算,这个公式以往常用在套装等较合体的袖子样板设计中。袖口不设计褶裥,直接与袖克夫相连。袖克夫的尺寸与袖口开衩的种类密切相关,图示是常用于男衬衫中的大开衩,但开衩的尺寸比男衬衫的要小,显出小巧、精致的女性特点。袖克夫长出袖口的数值取决于大开衩的底襟和门襟的宽度,不同的款式会有不同的设计,制作大开衩时的缝头大小也有影响,具体可以由放大图中推导。

6. 宽松衬衫袖结构设计

宽松的衬衫袖(如图 2-31 所示)与宽松的衬衫衣身相匹配,较常见的有短袖和长袖,它们的结构设计方法是一致的。先需要根据款式的造型特征修正衣身的样板,由于是宽松的

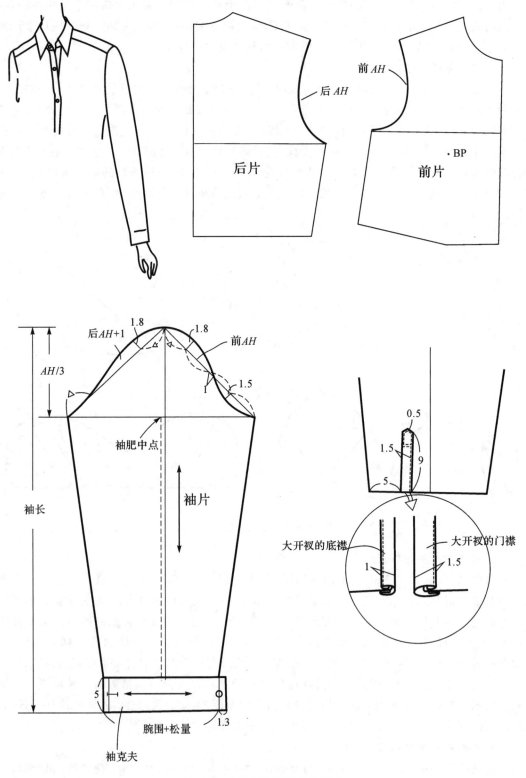

后片

前片

前AH

后AH

·BP

后AH+1   1.8   1.8   前AH

AH/3   1

袖肥中点

袖长

袖片   1.5

0.5

1.5   9

5

大开衩的底襟   大开衩的门襟

1   1.5

5

腕围+松量   1.3

袖克夫

图 2-30 合体衬衫袖的结构设计

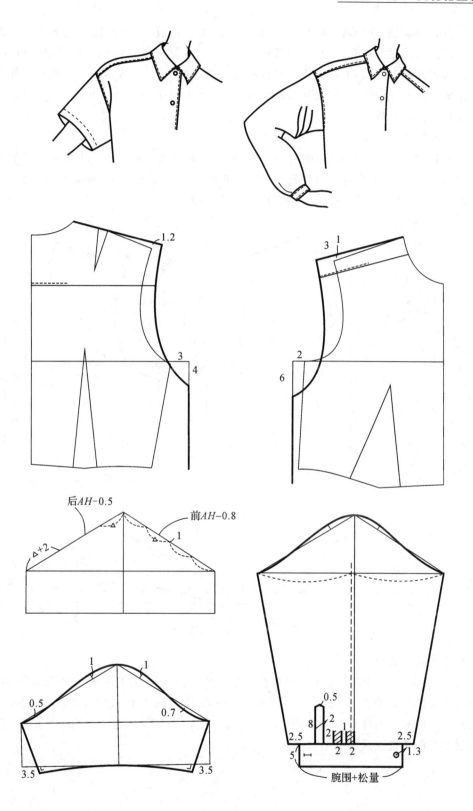

图 2-31 宽松衬衫袖的结构设计

结构特征，故会在衣身的基本样板上肩部做抬高、胸围做放大、袖窿底点做下降的处理。然后用皮尺测量前后袖窿弧线的长度，按照 $AH/6\sim AH/4$ 来获得袖山高（当然也可以先将袖肥确定来倒推袖山高）。宽松衣服的肩部一般都会落肩，也就是衣服的肩点超过人体的肩点而下落到手臂上，这种袖子缝头往往倒向衣身，如要压明线则都会缝在衣身上，所以袖子一般不需要任何的吃势。

7. 月亮袖结构设计

月亮袖（如图 2-32 所示）的袖中线较短，袖口呈弧线形，整片袖子的结构类似于月亮的形状，它适用于短袖的设计。制作这个袖片样板时也是先修正衣身的袖窿结构，然后绘制与之匹配的袖片，袖口在袖中线处上抬形成凹弧线的袖口。

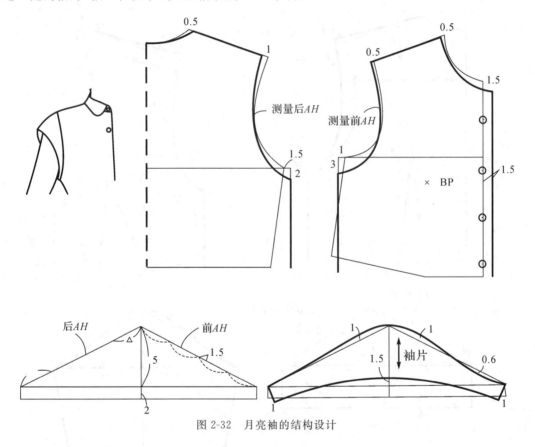

图 2-32　月亮袖的结构设计

8. 盖袖结构设计

盖袖（如图 2-33 所示）就像一只盖子一样包裹了臂根部，它仅在袖山头部位有袖片，而在袖窿底部则与无袖造型一致。衣身袖窿的处理应该遵从无袖，即抬高衣身基本样板的袖窿底点以方便日常的穿着。盖袖部分可长可短，根据设计而定，为了前后袖片的平衡，可以取前后水平的装袖点或前袖略高一些。

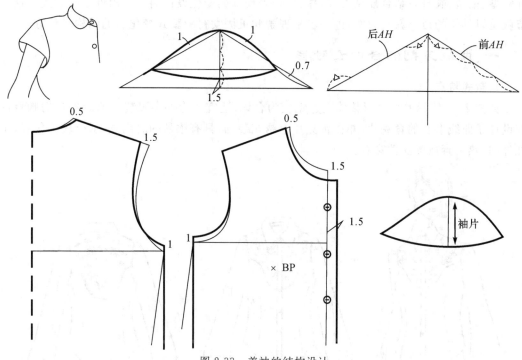

图 2-33　盖袖的结构设计

三、女衬衫常用衣身结构设计原理及变化

（1）放松量变化

女衬衫的放松量一般要在原型基础上进行增加或减少，常见的胸围放松量为 6～15cm，可在衣片的侧缝上加大或收小。

（2）造型上变化

女衬衫造型主要有 X 型、H 型、A 型。X 型衬衫常通过省道或剖缝收腰，体现胸、腰、臀三围尺寸；H 型衬衫为基本无分割、无省缝的直线造型。A 型衬衫由于下摆较大，常在原型基础上由下往上进行切展。

（3）门襟变化

女衬衫造型主要有单排扣、双排扣、斜门襟、暗门襟等。

（4）衣长变化

女衬衫根据不同款式，衣长常取腰围线以下 10～30cm 之间的尺寸。

（5）口袋变化

女衬衫较少使用口袋。若有口袋，则以采用明贴袋为多。

第四节　女衬衫结构设计运用

前面几节介绍了女式衬衫的基本型，以及在女衬衫中经常应用的领子、袖子等的结构设计方法。女衬衫的款式品种多种多样，是难以穷尽的，在实际运用中，常常通过变化配合各种领型、袖型、衣身并结合袖克夫、门襟、口袋等局部的变化设计而派生出许多的款式。这一节就是以具体的衬衫款式为例,进一步来理解和巩固女衬衫款式变化后的结构设计方法。

一、曲线分割的合体女衬衫

1. 款式特点

如图 2-34 所示的女衬衫整体上感觉较为合体,适宜作为外穿服装。前后衣片的胸背部都设计了曲线形状的育克片,并在育克片上绣花装饰,具有浓烈的时尚感,适合较为年轻、个性外向、热情奔放的女性穿着。

图 2-34　曲线分割的合体女衬衫款式

该款衬衫衣身略微收腰,利用育克分割线进行胸省的合并转移以突出胸部。领子是一个由领面和领座两片组合在一起的男式衬衫领,领角较大,符合当今的时尚潮流。门襟是明门襟,工艺有多种,一般需要压明线来固定,门襟的宽度不宜太大,因是女性服装,所以可以考虑细巧一些。袖子是灯笼式的长袖,袖口克夫较宽。

此款衬衫如果采用牛仔布、斜纹布等中等厚度、全棉或棉混纺面料的素色织物来制作会有理想的效果。

2. 规格设计

表 2-2 所示是曲线分割的合体女衬衫的成品规格设计表。

表 2-2　曲线分割的合体女衬衫的成品规格　　　　　　　（单位:cm）

号/型	部位名称	后中心衣长	胸围	腰围	臀围	肩宽	袖长
	部位代号	L	B	W	H	SH	SL
160/84A	净体尺寸	38	84	66	90	38	53
	加放尺寸	22	10	12	6	0	3
	成品尺寸	60.3	94	78	96	38	56

3. 结构设计（见图 2-35 和图 2-36）

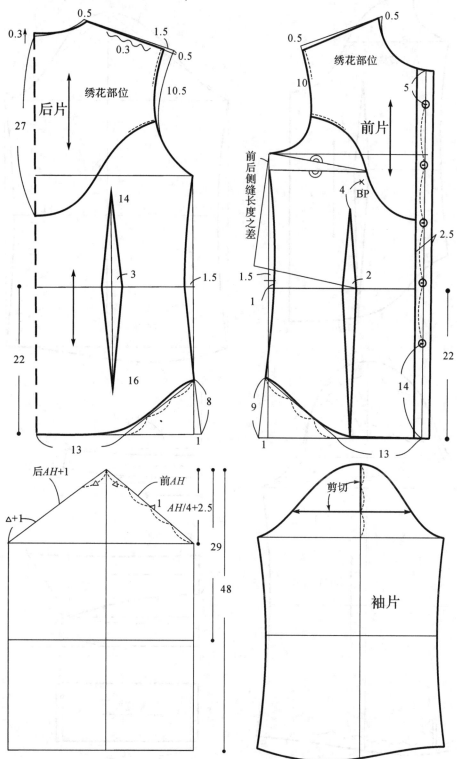

图 2-35　曲线分割的合体女衬衫的结构设计（一）

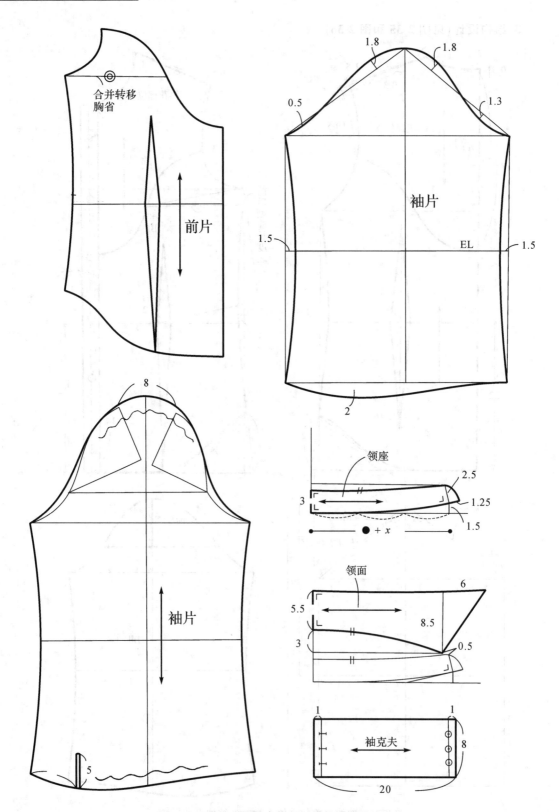

图 2-36　曲线分割的合体女衬衫的结构设计（二）

（1）衣片

使用衣片原型，衣身的长度考虑在人体臀围稍下的位置，故制图时延长后中心线至腰节以下 22cm。胸围放松量就采用原型的放松量即 10cm，这个松度是比较合体的，但并不紧身。服装胸围的放松量非常重要，它直接影响了服装整体的轮廓造型和感觉，但它的掌握也是比较困难的，关键在于理解与实践，在反复的实践体验中逐渐积累经验。款式的肩部也是较为合体的，可以在前后原型肩线的基础上都降低 0.5cm 以达到要求。款式显示没有肩胛省，后肩为了与前肩平衡，直接在后肩点将肩胛省抹去。侧缝是根据腰节线的上下前后侧缝各自相等的原则来确定的，所以前片的侧缝处的腰节对位点会抬高 1cm。前袖窿底点不降低，因此前侧缝辅助线上剩余的量就是胸省量，它最后可以转移到分割线中。前片的育克分割线过 BP 点的附近，胸省量转移后的裁片请见前片的完成图。

（2）袖片

款式的袖子是灯笼袖结构，袖山头和袖口都抽了碎褶。袖肥并不见大，所以采用图示的方法，在袖山高的三分之二处剪切袖子样板，然后在剪切线中增加约 8cm 的褶量。袖口就利用其与袖克夫的宽度差异来抽褶，袖克夫的宽度较宽，采用简便的长方形结构，这在袖克夫宽度远大于腕围尺寸时也是可以的。在袖子的后侧缝边设计了一个 5cm 高的小开衩，小开衩的工艺有包边和贴边等多种。

（3）领片

领子是男式衬衫领，在领子一节中已经有详尽的叙述，这里仅强调翻领领角的尺寸，这些纯粹是由款式的设计特征决定的，这点并不是技术性的，所以制板时样板师需要与设计师之间充分地沟通。

二、宽松式女衬衫

1. 款式特点

如图 2-37 所示的女衬衫放松量较大，款式特征几乎与男式衬衫一致，可见其来源于男

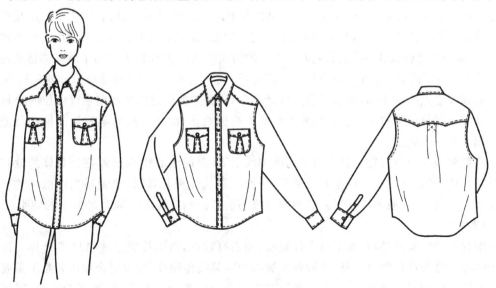

图 2-37 宽松式女衬衫款式

衬衫,男女都可以穿用的。它的穿法也有多种,既可以是内束式,也可以是外穿式,关键取决于所采用的面料。该款衬衫前后衣身都设计了折线式的育克分割线,后中心处还有一个明褶,前胸部装饰了两个大贴袋。门襟是明门襟,为与衣身的宽大配合,宽度可以在 3～3.5cm 之间。领子是男式衬衫领,相对于前面的例子,领子尺寸要小一些。袖子也是典型的宽松一片式结构,袖肥较大,袖口利用两个或三个活褶收拢并与袖克夫相连,袖口采用大开衩,这是此类宽松式衬衫的常用开衩形式。衣服的肩部很宽,形成落肩结构。款式整体压明线装饰。

该款衬衫可选用灯芯绒、斜纹布、绒布、水洗或砂洗的牛仔布等纯棉织物制作,适宜作为外穿式服装,具有随意、洒脱的休闲风格,很受年轻人的喜爱。采用一些悬垂性优良的轻薄型面料,如丝绸或麻织物制作,会有宽松飘逸的效果,内束式穿着也很好。

2. 规格设计

表 2-3 所示是宽松式女衬衫的成品规格设计表。

表 2-3　宽松式女衬衫的成品规格　　　　　　　（单位:cm）

号/型	部位名称	后中长	胸围	肩宽	袖长
160/84A	部位代号	L	B	SH	SL
	净体尺寸	38	84	38	53
	加放尺寸	32.3	30	4	4
	成品尺寸	70.3	114	42	56

3. 结构设计(见图 2-38)

(1)衣片

像这类宽松式的服装,胸围的放松量至少要在 20cm 以上,否则宽松的效果不会很明显,反而会使整件服装呆板、难看,图例中是在胸围处加放了 24cm 放松量,并遵从后衣片的加放量大于前衣片的原则。由于款式宽松,衣长也相应较长以取得长度和宽度的平衡,后片在原型的腰节以下追加 32cm,而前片在原型的腰节以下追加 31cm,前后衣片相差 1cm 是为了削弱前衣片的胸省量。前后肩点都抬高了一定的数值,这并不是由于垫肩的使用而产生的松量,而是宽松式结构服装的肩线宜趋向于水平的构成原理的具体体现,是为了肩部的运动松量而设计的。肩部的落肩大小可以直接延长前肩线一定尺寸获得,如落肩量是 2cm 就延长 2cm。

后袖窿底点降低 4cm,前袖窿底点降低 5.5cm,其差值就是以增加前袖窿部位的松量的方式来分解部分前胸省量。前后侧缝在底摆处略微收小,前片底摆的起翘量依据前后侧缝必须相等的原则确定。

胸部贴袋的袋口位置一般在原型的胸围线上下,距前中心线 6cm 左右。具体的款式可以针对具体的情况进行上下、左右的调整,一般衣服长度偏长,袋口位置适当降低一些。另外在水平方向上,一般还需要保证口袋的边缘与前片的胸宽线之间至少有 2cm 的间距。

(2)袖片

配合宽松的衣身结构,袖子也十分宽松,袖山高较低,可以按照公式 $AH/6$ 计算。这类袖子绱袖的缝头都是倒向大身,并沿着大身的袖窿弧线压明线,所以缝合袖山时是不需要任何吃势的。结构制图完成后,一定记得核对袖窿和袖山弧线的长度,如果两者不等,则调整至符合要求为止。

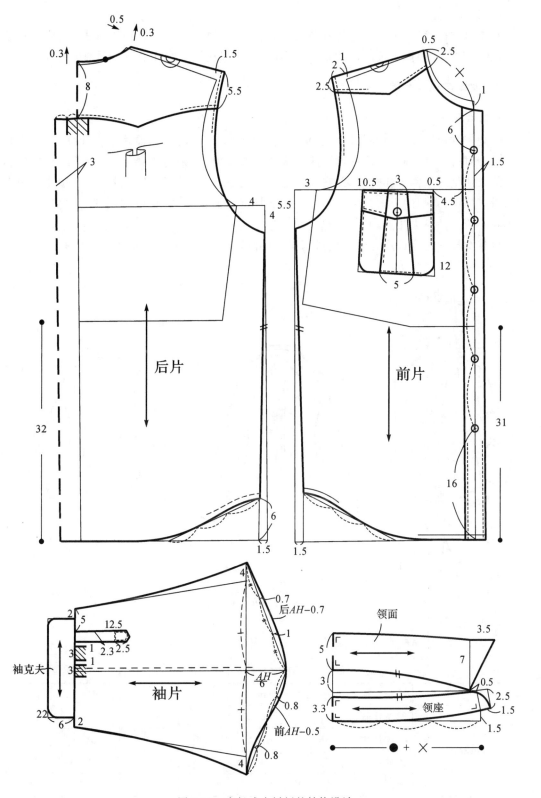

图 2-38 宽松式女衬衫的结构设计

（3）领片

对于男式衬衫领，第一颗纽扣就在领子的领座上，第二颗一般以距领口线5～6cm为多见，最后一颗可以根据衣长的比例感觉来确定，其余则在第二颗和最下一颗的等分点处。

三、碎褶女衬衫

1. 款式特点

这是一款很能体现女性气质的合体女衬衫（如图2-39所示），前片不设计腰省，重点是前门中心对称排列的碎褶，后片设计两个腰省使服装修身，贴合人体。衣服没有门襟结构，左右前衣片是通过钩子扣合的，并在领口处设计成小"V"字形状，所以衬衫领的领座也没有搭门量，这点与常规的男式衬衫领不同。袖子是普通的衬衫袖，可以利用袖缝做袖开衩，袖口也收碎褶与袖克夫相连。

该款女衬衫适宜选用轻薄类面料制作，也可以采用全棉面料或加入莱卡的有一定弹性的面料。

图 2-39 碎褶女衬衫款式

2. 规格设计

表 2-4 所示是碎褶女衬衫的成品规格设计表。

表 2-4 碎褶女衬衫的成品规格 （单位：cm）

号/型	部位名称	后中长	胸围	腰围	臀围	肩宽	袖长
	部位代号	L	B	W	H	SH	SL
160/84A	净体尺寸	38	84	66	90	38	
	加放尺寸	20	10	14	6	0	
	成品尺寸	58	94	80	96	38	58

3. 结构设计（见图 2-40 和图 2-41）

（1）衣片

使用女装原型，由于前衣片的胸省可以全部转移至前门中心的碎褶当中，故前后衣身的长度追加量可以相等或者是前面长 1cm 都可以。前衣身没有腰省，前后侧缝的收腰量考虑适当大一些，如各取 2cm。底摆的大小取决于臀围放松量，6～8cm 是合体衬衫的常见放松量。如图所示将前衣身的全部胸省量合并后转移至前中心线，注意由胸省转移而得到的碎褶量是很小的，不能获得如款式图所示的效果，还需要剪切纸样以获得更多的碎褶量。剪切时所需要遵从的原则有剪切线分布均匀、剪切方向与产生碎褶的方向一致、每个剪切口中增加的褶量基本相同。剪切后前衣身的纸样与常规的不同，其取料方式基本上有三种：肩胸部直丝、腰部直丝或底摆直丝，具体的选择可以根据喜好或者有些特殊的条纹、图案效果而定。

（2）袖片

与合体的衣身感觉相匹配，袖肥不宜太大，故以 $AH/3$ 取得袖山高。袖山是一般的平装袖结构，考虑到面料较薄，袖山吃势不宜多，1.5cm 左右比较合适。

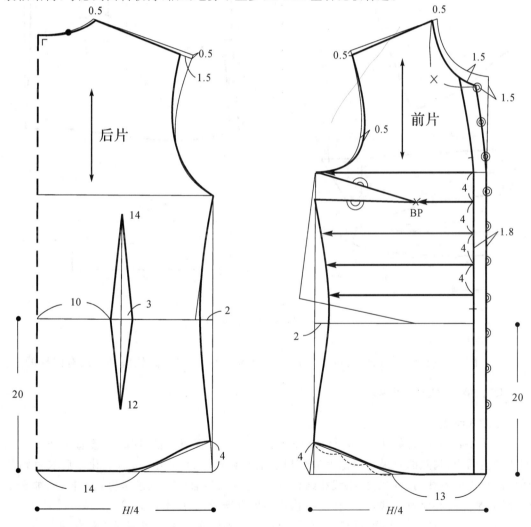

图 2-40　碎褶女衬衫的结构设计（一）

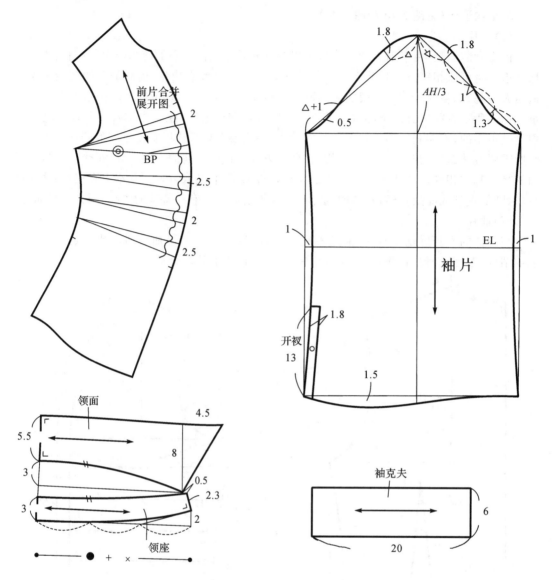

图 2-41　碎褶女衬衫的结构设计(二)

(3)领片

领子的结构设计与前面所讲的男式衬衫领基本一致,只是注意领座部分没有门襟的量。

四、多腰省女衬衫

1. 款式特点

如图 2-42 所示的女衬衫比较合体,前身有一排腰省直至底摆,同时在腰省上压 0.1cm 明线产生细巧、精致的效果。门襟上的纽扣也很有意思,三颗一组,富有变化。后衣身则是横向的育克分割线与纵向的公主线相结合,可以达到极度合身。领子是男式衬衫领,袖子是灯笼袖,袖克夫相对宽一些,这些在前面款式中均有涉及,这里不再详述。

该款女衬衫适宜采用略有厚度的全棉、灯芯绒、斜纹布和牛仔布等混合莱卡的有一定弹性的面料制作。

图 2-42　多腰省女衬衫款式

2. 规格设计

表 2-5 所示是多腰省女衬衫的成品规格设计表。

表 2-5　多腰省女衬衫的成品规格　　　　　　　　　　　　　　（单位:cm）

号/型	部位名称	后中长	胸围	腰围	肩宽	袖长
160/84A	部位代号	L	B	W	SH	SL
	净体尺寸	38	84	66	38	
	加放尺寸	20.3	6	6	0	
	成品尺寸	58.3	90	72	38	58

3. 结构设计（见图 2-43 和图 2-44）

　　这款衬衫配合分割线,完全可以达到近乎紧身的合体程度。在胸围的放松量上考虑 6cm 左右,在中号女装中,6cm 的胸围放松量是有点紧身的,穿着后,尤其是手臂在运动中会感到不舒适,但若采用带有弹性的面料则可以达到合体舒适。在原型的胸围线上,前衣身收小 1cm,后身不动,但观察纸样可知,后衣身的 1cm 在公主线中被削减了。前片的全部胸省量分成三份,分别转移到三个腰省之中,胸省和腰省结合在一起,胸省转移之后的最后纸样见图中的前片完成图。在后片样板中,后肩胛省由原来的肩线部位转移融入横向的育克分割线中,完成后的裁片可见图中的育克片,一般情况下育克片取直丝,但如果裁片较大,有时也会取横丝。

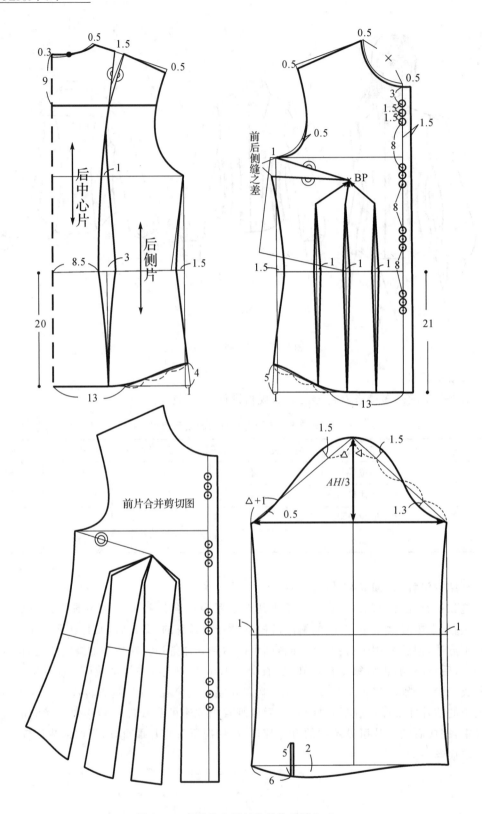

图 2-43　多腰省女衬衫的结构设计（一）

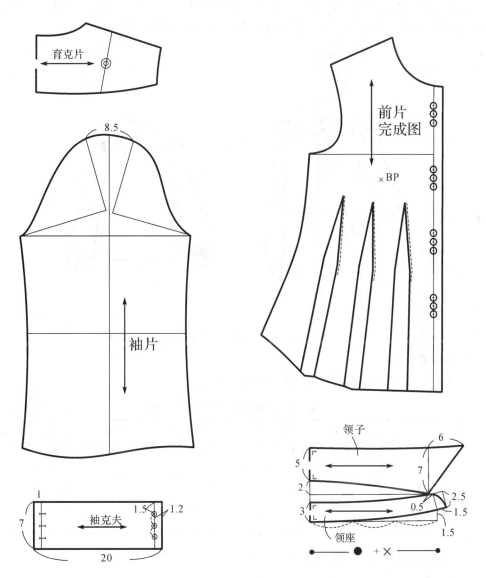

图 2-44　多腰省女衬衫的结构设计(二)

五、蝴蝶结女衬衫

1. 款式特点

如图 2-45 所示是一款非常典型的女式衬衫结构,活褶、蝴蝶结、泡泡袖等细节设计使得这个款式具有十足的女性味道。前片的肩部设计了斜向的育克分割线,并与三个活褶相结合,后片是一横向的育克分割线,大约在左右肩胛骨凸点的部位又设计了一个活褶,与前片相呼应。根据款式的需要,活褶也可以是其他类型的褶裥,如碎褶。领子是用长长的飘带系了一个蝴蝶结,故也有称其为飘带领的。袖子还是灯笼造型,但与前面女衬衫中的灯笼袖造型又有些细微差别,袖根部位较合体,袖口部位的泡泡效果比较突出,这些细微的差异在后面的样板设计中应该有所体现。

该款衬衫适宜选用悬垂性优良的轻薄型面料制作,如丝绸、麻或是一些化纤类面料,适合相对成熟的女性穿着,既可以作为内衣穿着也可以作为外衣穿着。

图 2-45　蝴蝶结女衬衫款式

2. 规格设计

表 2-6 所示是蝴蝶结女衬衫的成品规格设计表。

表 2-6　蝴蝶结女衬衫的成品规格 （单位:cm）

号/型	部位名称	后中长	胸围	腰围	臀围	肩宽	袖长
	部位代号	L	B	W	H	SH	SL
160/84A	净体尺寸	38	84	66	90	38	53
	加放尺寸	21.3	14	28	12	0	5
	成品尺寸	59.3	98	94	102	38	58

3. 结构设计（见图 2-46 和图 2-47）

（1）衣片

衣身胸围的放松量取 14cm,比原型大 4cm,其值全部放在后中心,作为后背裁片的折裥量。不过适当再加大一些也是理想的选择。图中的尺寸是在当今的流行风尚下所做的选择。确实,胸围的放松量要受到服装流行的影响,相同的款式,在不同的流行背景下,自然就会有不同的理解和表达,本款式不强调收腰,故前后衣片没有腰省,只在侧缝线上作略微收腰处理。前片的胸省全部转移到育克线当中,多出的量即是三个活裥的量。如果需要更多的裥量,那就需要剪切前衣片的纸样直至底摆。后肩胛省转移至后片的育克分割线之中,同时需要将前后育克片在肩线处拼合成为一块裁片。

（2）袖片

袖子的灯笼造型不可以增大袖肥,所以剪切时,保持袖肥不动的同时以袖肥线为界限,上下分别切展、拉开,在切口中加入打碎褶的松量。

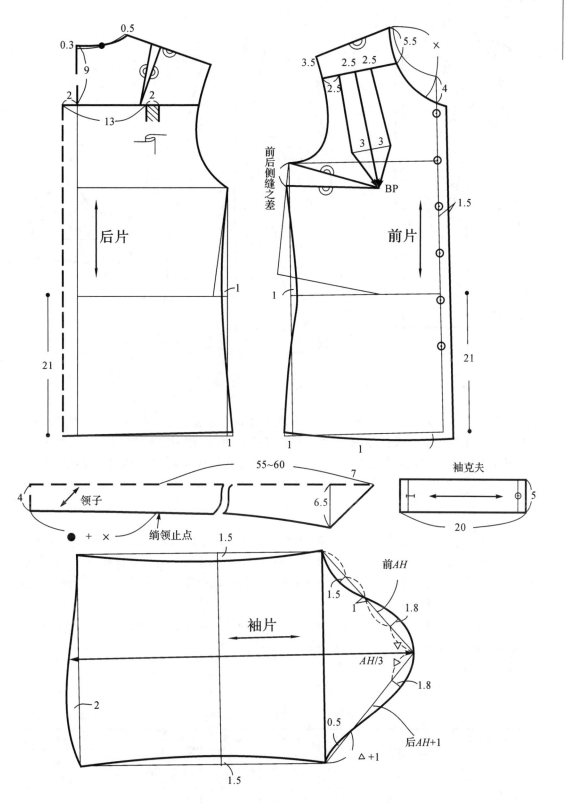

图 2-46 蝴蝶结女衬衫的结构设计(一)

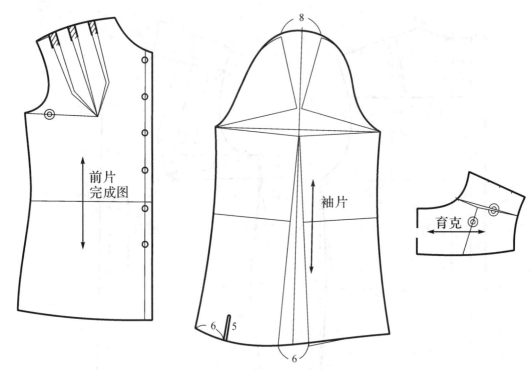

图 2-47　蝴蝶结女衬衫的结构设计（二）

（3）领片

领子实际上就是一根长方形的飘带，只是在飘带的尾端设计成类似三角的形状。长长的飘带决定了领子纸样很长，图中使用了断裂符号，标注了期望的长度尺寸。领子的上口取对折线，如能取 45° 的斜丝是最理想的，只有取斜丝才能形成漂亮、合体的蝴蝶结领。

六、短袖女衬衫

1. 款式特点

图 2-48 所示是一款短袖式的衬衫，领子是平领结构，外口线还设计成曲线状的圆弧。衣服的前身采用了圆弧状的育克线分割，在分割线中嵌入花边。后衣身对称分布三条劈褶，劈褶在腰节以下自然放松，后腰节中心部位用松紧带略微收紧。袖子是可爱的泡泡袖，袖克夫压缝在袖口，并制作出自然的碎褶。

该款短袖衬衫的整个设计搭配很可爱，适合年轻的女性穿着，可以选用薄型的纯棉细棉布或泡泡纱一类面料。

2. 规格设计

表 2-7 所示是短袖女衬衫的成品规格设计表。

表 2-7　短袖女衬衫的成品规格　　（单位：cm）

号/型	部位名称	后中长	胸围	腰围	臀围	肩宽	袖长
160/84A	部位代号	L	B	W	H	SH	SL
	净体尺寸	38	84	66	90	38	
	加放尺寸	20	10	22	6	0	
	成品尺寸	58	94	88	96	38	25

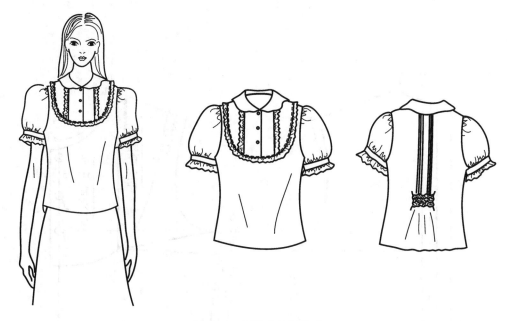

图 2-48　短袖女衬衫款式

3. 结构设计(见图 2-49 和图 4-50)

(1)衣片

衣身胸围直接采用原型的放松量,腰部不设计省道,前后衣片只在侧缝的腰节上收进 1.5cm,得到略微合体的轮廓。前衣片的胸省量全部合并转移到从肩线起始的育克分割线之中。为使服装的胸部合体度高,制图时育克分割线必须经过 BP 点的附近。育克片中还有一条纵向的分割线,这条线不起立体造型的作用,纯粹是为了嵌入花边而进行的平面分割。注意前衣身的下半部分是对折连裁的,而上部的育克片则设计了门襟以方便穿脱服装。后衣片的几列劈褶是设计的重点,样板设计时先确定劈褶的位置,然后沿着劈褶的位置剪切样板并在每个切口中加入相应的褶量。劈褶褶量很小,这里每个切口加入 0.3cm。制作时,简便的方法是先按款式要求缝好劈褶,然后再用后片的样板来修正裁片的边缘,这样就可以获得满意的效果。

(2)袖片

袖子是一典型的泡泡短袖,袖肥可以适当大一些。切展袖片增加松量时,可以采用水平拉开的方式,这样在获得褶量的同时也加大了袖肥。由于采用压袖克夫的工艺,故袖口呈现的是平袖口的形状。

(3)领片

领子是典型的平领结构,前后肩线的重叠量取 3cm,这时平领会在后领中心升起大约 1cm 左右的领座,具体会随着所用面料的不同而不同,领外口线的形状则完全取决于款式设计。

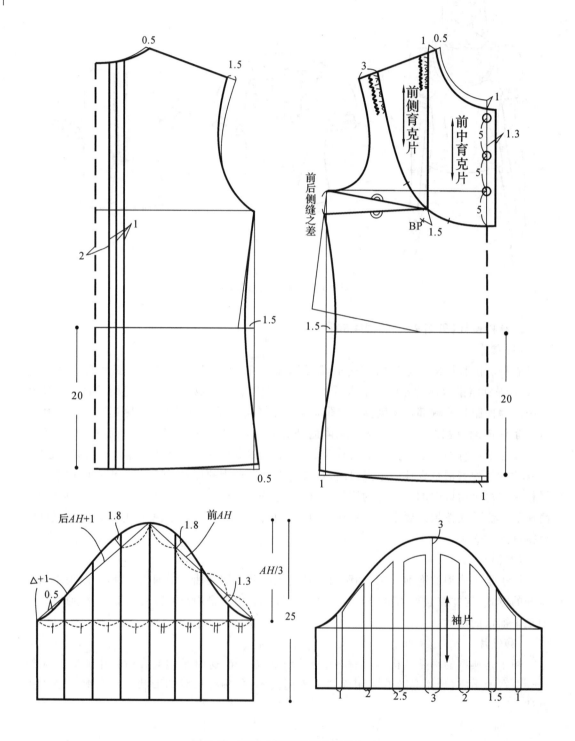

图 2-49　短袖女衬衫的结构设计(一)

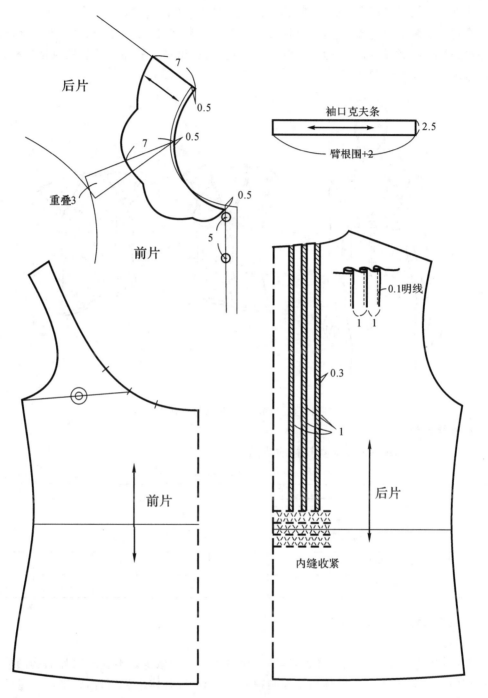

后片

7

0.5

7

0.5

重叠3

前片

0.5

5

前片

前片

袖口克夫条

2.5

臂根围+2

0.1明线

1　1

0.3

1

后片

内缝收紧

图 2-50　短袖女衬衫的结构设计(二)

七、鸡心领短袖女衬衫

1. 款式特点

如图 2-51 所示的款式设计了大而深的"V"字形领口,领口再用滚条包光和系扎出蝴蝶结。袖子是与插肩袖结合的盖袖,只在袖山部位覆盖袖片,而在袖窿底部却与无袖一样。服装的底摆不是女式衬衫常用的平摆或圆摆,而是左高右低的斜摆。

在这款服装的面料选择上,具有优良的悬垂性非常重要,可以选用真丝、麻等天然织物或涤纶、锦纶等化纤织物,最好是由这些材料纺织的针织物。另外这款服装风格性感,适合于比较成熟的女性穿着。

图 2-51　鸡心领短袖女衬衫款式

2. 规格设计

表 2-8 所示是鸡心领短袖女衬衫的成品规格设计表。

表 2-8　鸡心领短袖女衬衫的成品规格　　　　　　　　　　(单位:cm)

号/型	部位名称	后中心衣长	胸围	腰围	臀围	肩宽	袖长
	部位代号	L	B	W	H	SH	SL
160/84A	净体尺寸	38	84	66	90	38	0
	加放尺寸	15	7	17	4	0	
	成品尺寸	53	91	83	94	38	5

3. 结构设计(见图 2-52)

(1)衣片

针织物的特点是有一定的弹性,胸围放松量可以适当减少。本款式衣片的胸围放松量在原型的基础上减少 3cm,整体松量控制在 6~7cm。对合体服装而言,臀围放松量的控制也很重要,这里取 4~6cm 的松量。考虑到袖窿底点与无袖结构一致,所以需要抬高 1cm,以方便日常的穿用。前后衣片没有腰省,侧缝处收腰各取 2cm,这个数值对针织物而言是完全可以的,不会带来其他部位的不平衡。衣服底摆左高右低,左右高低差取 10cm,纸样完成后需要拼合左右衣片,然后用曲线将底摆画圆顺。前衣片的胸省量全部转移到碎褶中,这样得到的褶量极少,不能达到款式图中的打褶效果,需要再依照图示剪切纸样直至满足要求为止。

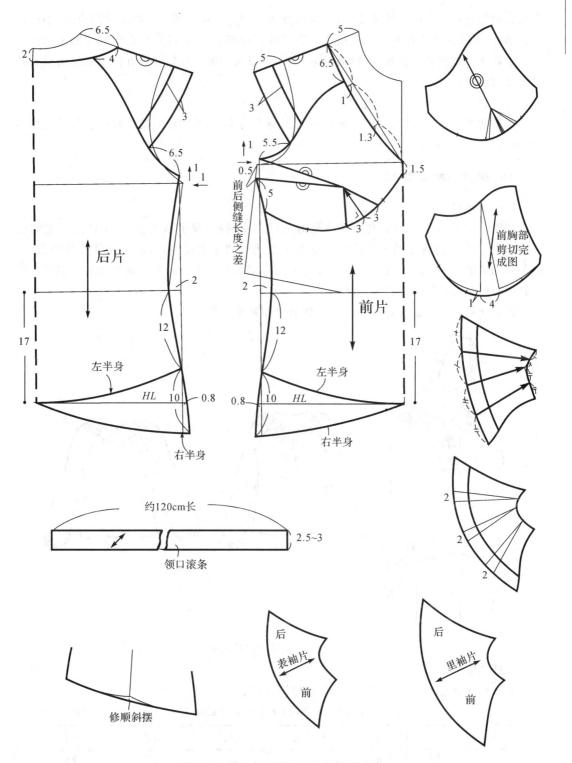

图 2-52　鸡心领短袖女衬衫的结构设计

（2）袖片

该款袖子结构制图时直接延长前后肩线至所需的袖子长度 5cm，然后根据款式图中衣片和肩袖的分割特征画出袖窿弧线,并与袖窿底点圆顺连接。袖子是由两片组成的,小的称为表袖片,大的称为里袖片,表、里袖片在肩缝处都没有分割线,故它们在肩线位置重新拼合成一个裁片。根据款式效果,袖口略呈喇叭状,可以按照图示剪切并拉开袖子纸样而得到袖口的波浪褶量。

(3)领片

领子就是长度很长的滚条,如果使用与衣身不同质地、不同色彩的织物更会获得意想不到的效果。

八、插肩袖女衬衫

1. 款式特点

如图 2-53 所示是一款具有民族特色的宽松式女衬衫,领子是无领,由于使用了宽幅的贴边以及贴边上的绣花图案装饰使得原本平淡无奇的无领很生动,成为整件服装的重心。袖子是插肩袖,宽松而长,袖口可以设计克夫或穿带来调节大小。前后衣片和袖片都有自然随意的碎褶装饰,整体风格轻松、休闲。

该款女衬衫比较适合选择轻薄型的棉麻类织物来制作。

图 2-53 插肩袖女衬衫款式

2. 规格设计

表 2-9 所示是插肩袖女衬衫的成品规格设计表。

表 2-9　插肩袖女衬衫的成品规格　　　　　　　　　　（单位:cm）

号/型	部位名称	后中心衣长	胸围	肩宽	袖长
	部位代号	L	B	SH	SL
160/84A	净体尺寸	38	84	38	53
	加放尺寸	27.5	32	2	5
	成品尺寸	65.5	116	40	58

3. 结构设计（见图 2-54 和图 2-55）

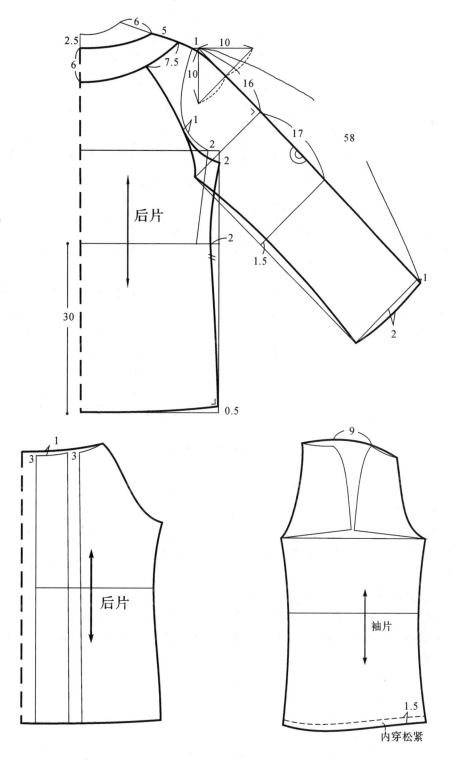

图 2-54　插肩袖女衬衫的结构设计（一）

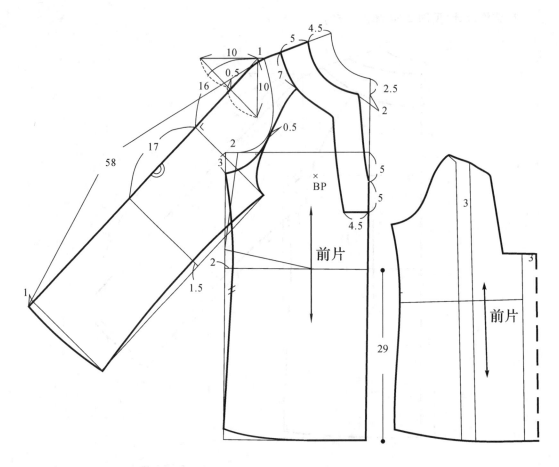

图 2-55　插肩袖女衬衫的结构设计(二)

(1)衣片

本款式衣身比较宽松,前后衣片的侧缝都追加 2cm 的放松量,再加上碎褶放出的松量,胸围的放松量达 32cm 以上。为了与宽松的横向松量配合,纵向后片追加 30cm,前片少追加 1cm,这是为了分解前衣身的胸省量。前后衣片的纸样完成后,沿着图示的剪切线剪切并拉开样板来增加碎褶量,加量的多少取决于对款式的理解。

(2)袖片

利用插肩袖的制图方法获得袖片纸样,与上一个例子中的袖片一样,袖子是一个完整的裁片,在袖中线部位拼合纸样,由于款式感觉袖子并不十分肥大,故采用图示的方式切展纸样以得到袖山部位和袖口部位的碎褶量。袖子的长度较长,袖口最好使用大小可以调节的松紧带或穿带。

第三章 女套装上衣结构设计

第一节 概 述

套装原则上是指用同种面料制作而成的上下衣的总称,但现在套装可泛指上下能够配套穿着的服装。最初,女性服装仅有连衣裙一种形式,演变至今形成了无穷无尽的款式造型,而套装是服装中最重要的分支,其结构设计复杂多变。可以说,女套装是从男西装演变而来的。传统的套装起源于18世纪欧洲男士的社交礼服——燕尾服与西裤,而随着社会的发展,传统的套装演变为西装三件套(西装、西裤、马甲)。到了19世纪80年代,随着体育运动的普及,男装的三件套最先被女子作为骑马服、运动服而采用。第一次世界大战后,这种便于活动的套装为更多的社会职业女性所接受。至19世纪90年代,女西装已基本作为女子的外出服。进入20世纪后,越来越多的妇女走出家庭,踏上工作岗位,要求在服饰上摒弃巴洛克式、洛可可式等传统的烦琐装饰,套装以其简洁、干练、实用、便于活动等特点而为广大女性所喜爱。

一、女套装的种类与功用

女套装的款式变化丰富,穿着场合与组合方式远比传统的自由、随意。对于男套装来说,在不同的场合中对服装的款式、色彩、面料等方面都有严格的规范和要求,而女套装则适合于绝大部分的场合。总体来说,女套装根据面料、颜色的组合可以划分为三种基本类型:上下装同布料的两件套(即相同面料制作的上衣与裙子或裤子相配套的服装形式);两件套加一件同布料的背心的三件套(即相同面料制作的上衣、背心与裙子或裤子相配套的服装形式);上下搭配但不同布料、不同质地的组合套装。女套装还可以按结构形态与用途等进行分类,如图3-1所示。

1. 根据外观形态分类

(1)西装套装(tailored suit)。上装的款式、结构与缝制工艺都类似于传统男西装,适合于较正式的场合或职业女性穿着。单排两粒扣套装是它的基本形式,其领子、搭门、口袋等可根据流行的需要作一定的变化。

(2)运动套装(blazer suit)。指具有较宽松感觉的西服套装,多以休闲式单件上装出现,用于户外活动时穿着。其款式多数为单排一粒扣或三粒扣、明贴袋、缉明线、金属扣。

(3)诺佛克套装(norfolk suit)。上装的背部有过肩或褶裥结构,后腰有腰带装饰。造型

1.西服套装　　　　2.运动套装　　　　3.诺佛克套装　　　　4.夏奈尔套装

5.短上衣套装　　　6.卡迪干套装　　　7.宽摆套装　　　　8.衬衣套装

9.士兵套装　　　10.束腰长上衣套装　　11.连衣裤套装　　　12.背心套装

图 3-1　女套装按外观形态分类

简洁、具有良好的活动功能性,常在女性打高尔夫球时穿着,与男装的猎装相对应。

(4)夏奈尔套装(chanel suit)。最早由法国著名设计师夏奈尔设计,其款式特征为无领无扣式上装与同面料裙子组合而成的套装。在领口、门襟、下摆、袋口、袖口等边缘装饰有编织丝带。

(5)短上衣套装(bolero suit)。衣长只到腰节的短上衣与长裙组合而成的套装。其边缘的装饰设计类似于夏奈尔的手法,故也可以理解为夏奈尔风格的短上衣。

(6)卡迪干套装(cardigan suit)。由英国卡迪干伯爵所推崇的单排扣无领长上衣与裙子组合的套装。

(7)宽摆套装(peplum suit)。腰部采用褶裥或分割而使服装下摆呈波浪展开的形式,面料多采用较软的质地。

(8)衬衣套装(shirt suit)。由衬衣式的上装与裙子或裤子组合而成的套装。

(9)士兵套装(battle suit)。由部队夹克军装演变而来的服装款式。一般为短上衣、下摆加装腰带而束紧的上衣与裙子的组合,上衣袖口松度可以调节,胸部有两只明贴袋,体现男装风格。

(10)束腰长上衣套装(tunic suit)。束腰长上衣与裙子的组合,而裙子的长度一般较短。

(11)连衣裤套装(jump suit)。上衣与裤子在腰部相连而形成的套装。

(12)背心套装(vest suit)。以背心和衬衣等组合在一起为上装,再与裤子或裙子等下装组合而成套装。

2. 根据目的、用途分类

(1)鸡尾酒套装(cocktail suit)。参加晚上鸡尾酒宴会时穿着的华丽套装,也叫晚礼服套装。

(2)午后用套装(afternoon suit)。在午后参加正式社交活动穿着的较为正式的套装。

(3)晚餐用套装(dinner suit)。在晚上宴会中穿着的套装,形式上比晚礼服简单。

(4)上班用套装(business suit)。职业女性上班时穿着的套装,其款式造型简洁大方,便于人体活动。

(5)上街用套装(town suit)。白天上街购物时穿着的较舒适随便的套装。

(6)家居用套装(casual suit)。在家里穿着的较轻快舒适的套装。

(7)旅游用套装(traveling suit)。在旅游过程中穿着的较为实用且便于活动的套装。款式上一般为装有较多口袋的夹克与休闲裤。

(8)运动用套装(sport suit)。参加各式体育活动时穿着的轻便舒适的套装。其款式上装多数为夹克衫,下装多数为短裙、短裤或松紧口长裤,一般采用针织面料制作。

(9)骑马用套装(riding suit)。骑马时穿着的具有较好活动功能的合体套装。一般在侧缝或后背采用开衩设计,下装以长裤或裙裤配套。

(10)狩猎用套装(hunter suit)。狩猎时穿着的具有较好活动功能的合体套装。一般采用多袋设计,肩部装肩襻,缝合部位缉明线,下装以长裤配套。

3. 根据面料分类

(1)毛料套装(woolen suit)。采用羊毛面料制作的套装。

(2)棉布套装(cotton suit)。采用纯棉面料制作的套装。

(3)丝绸套装(silk suit)。采用真丝面料制作的套装。

(4)皮革套装(leather suit)。采用皮革面料制作的套装。

(5)针织套装(knitted suit)。采用针织面料制作的套装。

二、女套装的面辅料知识

1.面料

套装的面料可根据用途、季节以及款式设计与流行来选择。其种类繁多,从天然的毛、棉到化学纤维或合成纤维,可以运用于不同款式的套装之中。一般情况下,当造型设计简洁、单纯时,要选择较有特色的面料;而当造型设计复杂多变时,则可选择较为普通的面料。对于正式场合穿着的套装,一般采用材质较好的毛料或丝织物,既要突出套装的造型设计,又要强调面料的质感与风格,并且在板型、工艺上都有严格要求。下面列举一些不同素材的常用面料名称。

(1)毛织物

毛织物的原材料主要为羊毛,另外还可以采用骆驼毛、兔毛等原料。这些原材料在纺纱织造中采用的工艺、后整理等方法不同,可以生产出不同风格与性能的面料。毛织物具有较好的弹性、吸湿性、保暖性、手感,并具有柔和的光泽,为公认的中高档面料。毛织物可分为精纺呢绒与粗纺呢绒两大类。

1)精纺呢绒

精纺呢绒所用的原料纤维较长而细,排列整齐、紧密,织物表面纹路清晰、光洁。可用于套装的精纺呢绒的主要品种有华达呢、啥味呢、凡立丁、派力司、马裤呢、哔叽、巧克丁、贡呢、花呢、女衣呢等。

2)粗纺呢绒

粗纺呢绒是由粗纺纱织造而成,纱线排列不甚整齐、紧密,织物表面粗犷,有一层绒毛覆盖。可用于套装的粗纺呢绒的主要品种有粗花呢、制服呢、海军呢、麦尔登、大衣呢、法兰绒、女式呢等。

(2)棉织物

棉织物原材料为棉花。棉织物手感柔软,吸湿、透气性好,光泽柔和,价格实惠。可用于套装的棉织物的主要品种有卡其、华达呢、灯芯绒、哔叽、坚固呢、平绒、劳动布、牛津布、青年布、线呢等。

(3)丝织物

丝织物原材料主要为桑蚕丝,也可以是柞蚕丝、蓖麻蚕丝。丝织物手感光洁、轻盈、顺滑,吸湿、透气性好,光泽明亮、柔和,风格高贵、华丽,享有"纤维皇后"之称。可用于套装的纺织物的主要品种有织锦缎、真丝绉、塔夫绸、丝绒等。

(4)麻织物

麻织物原材料主要为苎麻和亚麻,其组织结构多为平纹。麻织物透气、凉爽、舒适,其特有的粗犷与随意风格是休闲套装选用的原因之一。

(5)粘胶纤维织物

粘胶纤维是人造纤维的一个主要品种。它由天然纤维素(棉短绒、木材、芦苇)经一系列化学处理加工而成。粘胶纤维有人造棉、人造丝之分。用粘胶纤维制成的像蚕丝那样柔软而连续不断的纤维称为人造丝;切成像棉花那样长的称为人造棉。粘胶纤维织物柔软、滑爽,手感好,它有良好的吸湿性与染色性,染成的织物色泽特别鲜艳,但遇水时会变得粗厚、发硬、强力快速降低。为克服粘胶纤维的缺点,往往与其他纤维混纺为多。可用于套装的粘胶纤维织物的主要品种有花毛粘呢、毛粘华达呢、毛粘平厚呢、毛粘法兰绒等。

(6)涤纶织物

涤纶织物具有较好的抗皱性与强力,成衣尺寸稳定,不易变形且易洗快干,但吸湿透气性较差,多与天然纤维混纺以改善其服用性能。可用于套装的涤纶织物的主要品种有毛涤花呢、毛涤派力司、涤毛粘花呢等。

2. 里料

套装的里料有里子布与衬布。里子布的作用主要是保护面料,加强面料的风格,提升服装的档次;另外还具有方便穿脱、增厚保温的目的。衬布的作用主要是辅助面料进行造型,还可以改善面料的可缝性。但无论是里子布还是衬布,都宜选择与面料在厚度、手感、档次等方面相匹配的。

可用于套装的常用里子布的品种有美丽绸、羽纱、涤丝纺、电力纺、棉型细纺等。衬布的品种有粘合衬、布衬、毛衬等。

第二节　女套装上衣基本款结构设计

女套装上衣是女装中最庞大的一个分支,其结构设计难度最大。要使套装穿着美观舒适,且符合时尚潮流,在套装上衣的结构设计中要准确把握人体与服装之间的关系。本章节以平驳领女西装作为最典型的女套装上衣基本款,说明其结构设计原理与方法。

一、款式特点

如图 3-2 所示为胸部采用弧线公主线分割来突出女性胸、腰、臀三围曲线的翻驳领四开

图 3-2　女套装上衣基本款式

身套装上衣,正统而不乏时代感,可作为女性比较正统的职业套装。

面料可采用薄毛呢、华达呢、女式呢、法兰绒等毛织物。里料采用与面料同色调或稍浅色的美丽绸、羽纱、涤丝纺等。衬布用薄毛衬。

二、规格设计

表 3-1 所示为女套装上衣基本款成品规格设计表。

（单位：cm）

表 3-1　女套装上衣基本款成品规格

号/型	部位名称	后中长	胸围	腰围	臀围	肩宽	袖长	袖口宽
160/84A	部位代号	L	B	W	H	SH	SL	SK
	净体尺寸	38	84	66	90	38	53	
	加放尺寸	25	12	10	6	0	3	
	成品尺寸	63	96	76	96	38	56	12.5

三、结构设计（见图 3-3）

1. 衣身

(1)确定衣长。女套装的长度比较自由,有长装与短装之分,可根据款式的需要与穿着者的爱好灵活变化。一般可以臀围线作为基准,在臀围线以上的为短装;而臀围线以下的可为长装或中长装。腰节线至臀围线的距离为18cm。常见的西装套装长度以腰节线下15~30cm为多,该款取25cm。

(2)作后背中缝线。因人体后背呈腰部收进、背部突出的曲线,所以在套装中往往取后背中缝的结构形式,使后衣片更好地贴合人体,它是男女西装的固定结构。在后中线上,原型的后颈点与胸围线的二等分处为横背宽点,从该点开始往腰节逐渐收进2cm,而腰节线至底摆间为一垂直而下的直线,这是由于衣长已超过臀围线后,底摆中缝已在臀沟处,故可与腰节一样大小收进,但对于短装,底摆比腰节少收0.5cm左右。

(3)作前中心劈胸。因人体在前胸部有胸角度,故对于合体的套装需进行劈胸的结构处理。但不是所有的套装都需要,要根据款式与面料而定。一般面料较厚硬、领子是驳领的套装需要作前中心劈胸。其方法为:作通过BP点的水平线与前中心线相交,以相交点A为基准点逆时针方向旋转,在前颈点处转动0.5cm,然后画下旋转好的轮廓线。

(4)确定胸围尺寸。合体套装的胸围放松量一般在10~16cm,该款取12cm。因在原型中已放入基本放松量10cm,故还需增加2cm。在前半身衣片侧缝中增加1cm,使前半身衣片尺寸为$B/4+0.5$(前后差),后半身衣片尺寸为$B/4-0.5$(前后差)。后衣片因在后背中心剖缝收腰而劈去△量,故在侧缝加出△量。

(5)确定腰围尺寸。合体套装的腰围放松量一般在8~14cm,该款取10cm。腰围的前后差取1.5cm,这样可使侧缝的弧度接近相同。

(6)确定臀围尺寸。合体套装的臀围放松量一般在4~8cm,该款取6cm。将后臀围处超过后胸围大的量●(见图示)加在后片公主线中。●量也可以根据人体的体型部分放在侧缝或前片公主线中。如扁平体型可取部分放在侧缝,而凸肚体型可取部分放在前片公主线中。

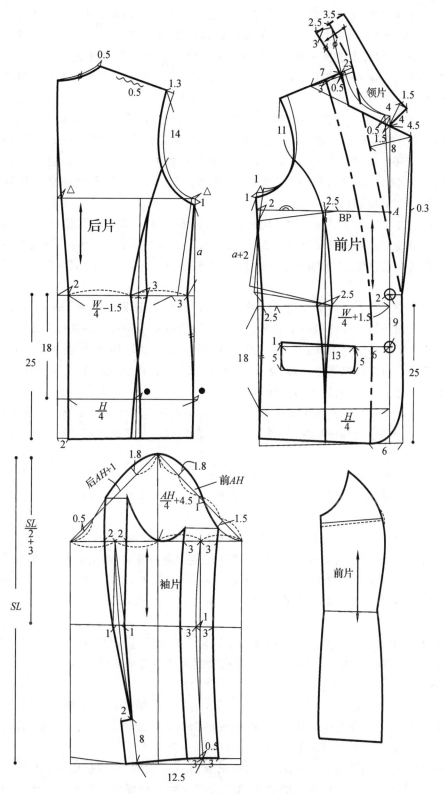

图 3-3 女套装基本款结构设计

（7）前后领口。因是西装领套装，领口侧颈点可根据面料的厚薄开大，其开大量通常为0.5～1cm，该款取0.5cm，用圆顺的线条画出后领口弧线。前片根据款式延长肩线距开大的侧颈点为2cm，与驳点连接一直线作为驳领的辅助翻折线。在肩线上距侧颈点为7cm处与前颈点下降1.5cm一点连接作为串口线，然后如图确定驳头的大小为8cm。驳领结构设计详见本章第三节。

（8）前后肩线。由于该款不放垫肩或只放入一对薄垫肩，故肩端点不需要提高。肩宽的大小可根据款式特征而定。该款无肩省，由于在原型中后肩线比前肩线长1.8cm，后肩取归缩量0.5cm，故在后肩线上去掉1.3cm量。肩宽的尺寸也可以根据款式确定。

（9）前后袖窿弧线。在前后侧缝线上，距原型开落1cm（一般合体套装袖窿开落量为0～2cm）用圆顺的弧线连接。

（10）前后公主线分割。前后的纵向分割线又称公主线，是合体套装常见的结构形式，可在公主线分割线中融入省道及放出需要量，使衣片贴合人体的凹凸曲线。分割线的位置可按款式的不同而左右移动，如图所示画出圆顺、流畅的公主线，并在腰部收省3cm，臀部放出量为●（见图示）。

（11）纽扣位。该套装为单排两颗扣，第一颗纽扣位置距腰围线上为2cm，它决定了驳点的高低。第二颗和第一颗纽扣相距9cm。纽扣的位置可根据款式需要进行灵活变化。

（12）前腋下省道转移。前衣片腋下省道通过剪开折叠法转移至公主线中。

（13）口袋。口袋的位置可根据款式的需要进行变化。该款距前中线为6cm，与第一颗纽位相平，口袋大13cm，起翘1cm，袋盖宽5cm。

（14）挂面。在套装中挂面是必不可少的，其作用是加固与支撑门襟、底摆、领子的部位，使止口挺直，不外翘。挂面的大小与搭门的大小有关，这里取离侧颈点3cm，离止口线6cm。

2. 领子

此款的领子属于驳领，采用驳领的制图方法。有关套装常用领子的类型及其结构设计的方法和步骤在紧接着的第三节有专门的详细论述。这里主要只介绍与款式特征相符的平驳领的结构。

过前衣片侧颈点作一条与翻折线平行的线条，取其长度为后领口弧线长。过该点作与该线垂直的线条，取尺寸为3cm，然后与侧颈点连接作为后领口辅助线，取长度为后领口弧线长。最后垂直后领口辅助线作领子后中线，并取领腰2.5cm，领面宽3.5cm。驳头缺嘴处如图所示确定，它可以根据款式需要变化。

3. 袖子

同样，有关女套装常用袖子的类型及其结构设计的方法、步骤在本章的第四节有专门的详细论述。这里仅针对图3-2款的女套装款式绘制两片西装袖的结构图。

（1）袖长。取长度56cm。

（2）袖山高。按照公式 $AH/4+4.5cm$ 计算，这是女套装两片西装袖的常用计算公式，比原型袖大2cm，使袖子变得合体美观，但也可根据款式需要灵活变化。例如，若要想设计一个较为宽松的两片袖，则可以使袖山高低一些。

（3）袖肥。在袖山高确定的情况下，前袖肥依前 AH 截取，后袖肥依后 $AH+1cm$ 来截取，并如图画袖山曲线。这样得到的袖山曲线长度大约比袖窿的长度长3.5cm左右，此量就是缝制袖子时的吃势。吃势的大小可以通过截取前后袖肥的袖山斜线的长短来调整，前袖如果吃势太多,就减短前袖山斜线;若太少就加长前袖山斜线。后袖也一样。

(4)画基础袖。过前袖肥中点向下画线与肘线垂直并相交,在肘线上向左取 1cm,袖口线上向右取 0.5cm 用圆顺的弧线相连,这是前袖下弧基础线。在袖口处取袖口大 12.5cm(两片女西装袖袖口大通常为 12~13cm),再和后袖肥中心相连,和肘线相交一点与后袖肥中心向下作垂线和肘线相交一点平分。然后过后袖肥中心点、平分点、袖口用圆顺的弧线相连,这样就完成了后袖下弧基础线。在后袖下弧基础线上取袖衩长度为 8cm(这是一般女西装袖袖衩的长度)。

(5)画前大小袖。在前袖下弧基础线取大小偏袖 3cm,即大袖向外扩大 3cm,并顺势向上与袖窿弧线相交,确定大袖袖窿底点。小袖向内缩小 3cm,并顺势向上画至与大袖袖窿底点相平,确定小袖袖窿最高点。

(6)画后大小袖。在后袖下弧基础线上肘线处大小偏袖 1cm,袖山底线处大小偏袖 2cm,大袖向外扩大,并顺势向上与袖窿弧线相交,确定大袖袖窿底点。小袖向内缩小,并顺势向上画至与大袖袖窿底点相平,确定小袖袖窿最高点。

(7)画小袖袖窿底线。连接前后小袖袖窿最高点与袖窿底点,用圆顺弧线连接。

第三节 女套装结构设计原理及变化

女套装的款式变化丰富,主要体现在领子、袖子与衣身结构上。

一、女套装常用领型结构设计原理及变化

女套装可用的领子较多,但常见的有驳领。驳领是由和衣身连在一起的驳头及领片组成。领子不是围合于前颈点,而是呈半开放状态。驳领根据造型可分为平驳领、戗驳领、青果领、燕子领等。

1. 平驳领结构设计

(1)画前衣片与驳头。如图 3-4(a)所示,首先确定翻折线,若设定驳领的后领腰高为 2.5cm,则从侧颈点延长肩线 2cm,这样可使做好的领子从后颈点至侧颈点降低 0.5cm 左右翻折。翻折线的止点可根据款式需要选择位置,现取胸围线下 8cm。再设定串口线的位置,它可以根据款式而定,其高低、倾斜的方向决定了驳头与领子的比例,如图 3-4(b)所示,串口线的位置不同,其驳头的高低就有所变化。然后根据款式的需要确定驳面宽,常见的尺寸为 6~9cm,这里取 8cm,用圆顺的弧线连接驳面宽点与翻折线的止点,这样便完成了衣片与驳头。

(2)画后衣片与后领。如图 3-4(c)所示,首先确定后领的尺寸,后领腰高为 2.5cm,上领面宽 3.5cm(一般西装驳领上领面宽比领腰高大 1cm,这样可使翻折好的领子的后领口装领线不外露)。画翻折后的后领形状,可得领子离侧颈点的距离为 a,后领的外围线尺寸为 b。

(3)设计翻折后平驳领造型。以翻折线为对称轴,画出翻折后的驳头形状与大小。然后设计领头部缺嘴的形状并确定具体的尺寸,如图 3-4(a)所示,该尺寸可根据款式进行变化。

(4)画领子。过侧颈点作与翻折线平行的线条,并量取衣片后领线的长度△,作该线条的垂线为后领中心线。在后领中心线上取领子总高 AB,领子总高为后领腰高加上上领面

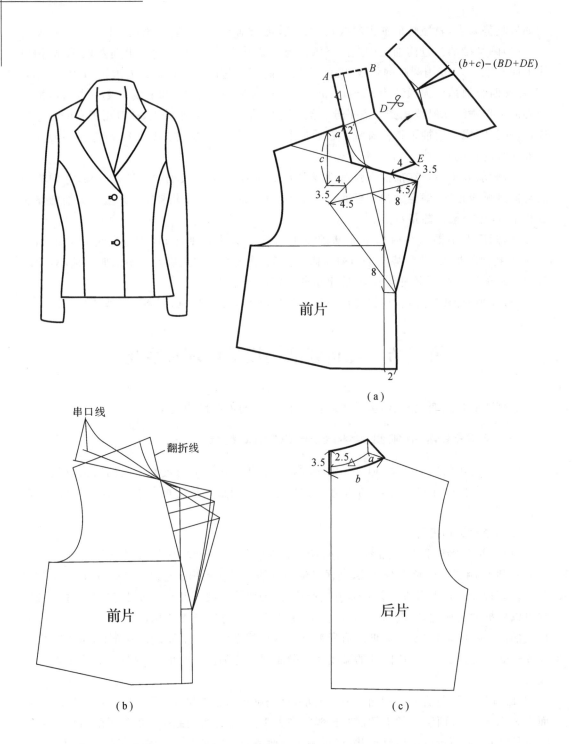

图 3-4　平驳领结构设计过程图

宽，为 6cm。作与 AB 垂直的线条 BD，量取 BD 的长度，它比 b 的长度小，由此可见，领子翻折后外围太短，故该领穿在人体上绷紧而出现皱褶。而要使领子平服，则必须剪开过 D 点与翻折线垂直的线条，并倾倒 $(b+c)-d$ 距离，其中 d 为 BD 与 DE 线条长度之和，如图 3-4

所示,这样领子就可以自然翻折。

从以上的分析可得出,随着领子倾倒量的增加,外围线变长,领子翻折线位置变低,领腰变小。在女套装驳领的结构设计中,一般可根据经验确定。在领子倾倒量为 3cm 时,领腰为 2.5cm。倾倒量每增加 1cm,领腰减少 0.5cm;反之,倾倒量每减少 1cm,领腰增加 0.5cm,依此类推。但当上领面宽与后领腰的差增大,或翻折线的翻驳止点升高时,要达到同样的领腰,其倾倒量要适当增加;反之,当上领面宽与后领腰的差减少或翻折线的翻驳止点降低时,其倾倒量要适当减少。

根据以上作图原理与方法,得到平驳领结构如图 3-5 所示。其倾倒量、领腰是通过图 3-4 所示的过程得到。

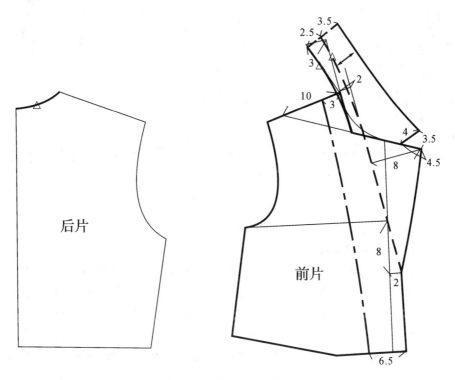

图 3-5 平驳领结构设计图

2. 戗驳领结构设计

戗驳领设计的基本方法同平驳领,只是根据驳头造型的需要,在平驳领的驳头上加出一个尖角,如图 3-6 所示,尖角的大小可根据款式而变化。

3. 青果领结构设计

青果领结构设计基本同平驳领,只是该领驳头与领子交接处无缺嘴,领外口呈平滑的弧线,挂面在串口线处不剪开,即无拼接线。根据挂面的宽度有两种方法。图 3-7(b)所示是将前衣片中的方块 A 放入后片,故后片需要一个与方块 A 相同宽度的领口贴边。图 3-7(c)所示可在纽眼不大的情况下选用,注意要保证纽眼边距离挂面边的尺寸在 1.5cm 以上。青果领结构设计见图 3-7(a)所示。

4. 燕子领结构设计

该领头部造型如同燕子的翅膀,故名燕子领。其结构设计基本同青果领,只是在驳头与

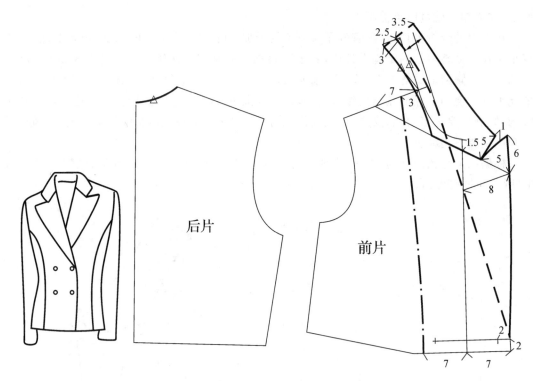

图 3-6　戗驳领结构设计

领子交接处根据其造型发生了变化，如图 3-8 所示。

5. 弧线翻折线驳领结构设计

该领的领子与驳头连在一起，而和衣片有接缝线，且接缝线为弧线，如图 3-9 所示。首先确定衣片弧线的位置及形状，画好弧线，然后连接侧颈点与翻折止点作为设定的翻折线，过弧线最凸出一点作与设定的翻折线平行的线条，从侧颈点开始量取后领口弧线长并倾倒 3cm，与驳领所述的方法相同，得到领腰的高度为 2.5cm，如图作领子的结构，其中在弧线翻折线的起与止两处重叠，这是为了领子在弧线变化较快处柔和过渡，使得领子沿着弧线自然翻折。

6. 女式衬衫驳领结构设计

女式衬衫领的结构设计基本同平驳领。只是该领为了使得领子在头部浮起，线条的过渡柔和，在结构设计中，领子的装领线与衣片领口弧线在领子头部有 1.5cm 的重叠，如图 3-10所示。

7. 男式衬衫驳领结构设计

该领与前面不同的是领子由两部分组成，即领座与翻领，类似于男式衬衫领。它是驳领与男式衬衫领的组合，故结构设计也要将这两者结合起来。如图 3-11 所示，先画衣片的领线与驳头，然后根据前后衣片领线的长度决定领座与翻领。

8. 开关两用驳领结构设计

开关两用驳领的结构设计基本同平驳领。只是该领驳头用搭门尺寸，领子从人中线处开始装合，如图 3-12 所示。

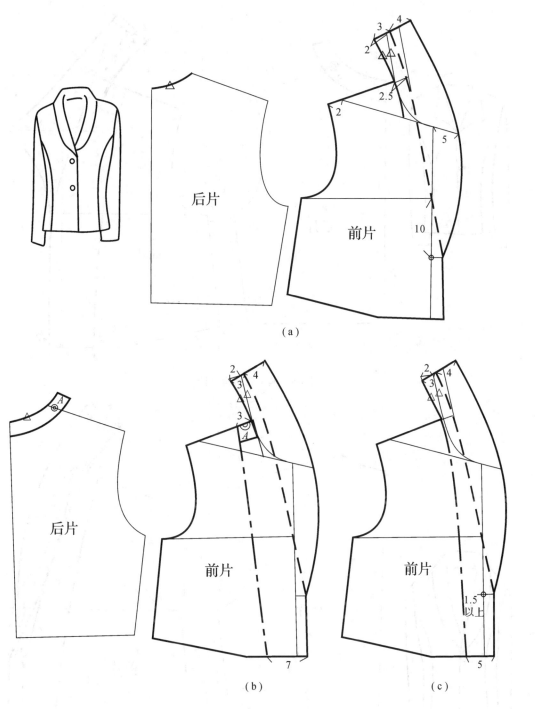

（a）

（b）　　　　　　（c）

图 3-7　青果领结构设计

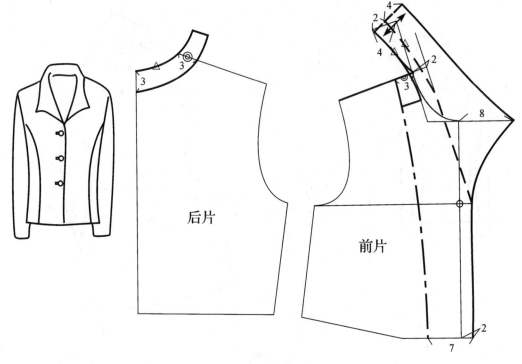

图 3-8　燕子领结构设计

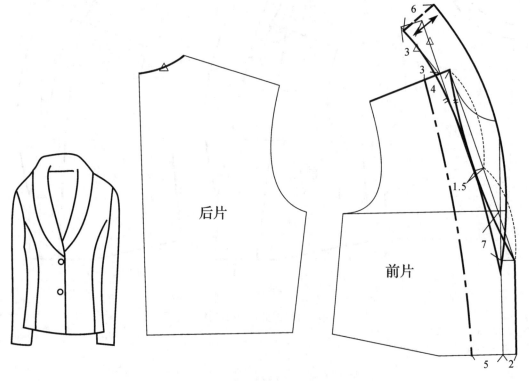

图 3-9　弧线翻折线驳领结构设计

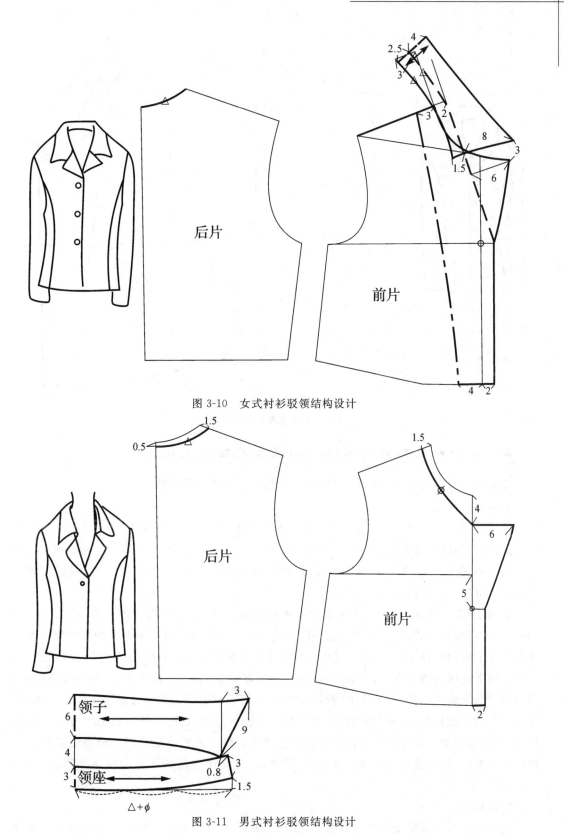

图 3-10　女式衬衫驳领结构设计

图 3-11　男式衬衫驳领结构设计

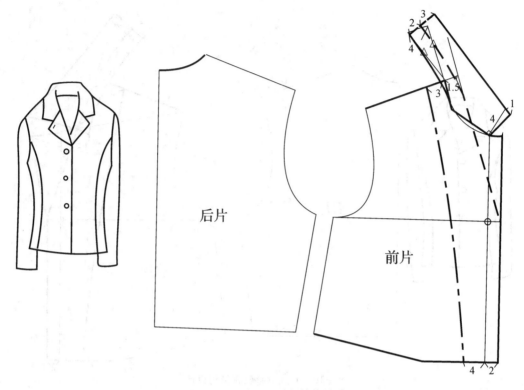

图 3-12　开关两用驳领结构设计

二、女套装上衣常用袖型结构设计原理及变化

女套装上衣可用的袖子较多,但常见的是合体一片袖与两片袖。

1. 合体一片袖

合体一片袖可由原型袖演变而成。由于原型袖的造型是直身而下,而人体的手臂是呈略向前倾斜的状态,所以要在合体一片袖中体现这一方向性。为此,合体一片袖的袖中线向前倾斜 2cm 左右,由此产生的袖下缝线前后长度的差异,可以通过归拔、取省,或将省道转移的方法解决。其结构设计方法如下:

如图 3-13(a)所示画原型袖,将袖中线向前倾斜 2cm,然后分别在前后取袖口大 10cm(袖口尺寸可根据款式进行变化),连接前后袖下缝线,并根据手臂向前弯曲的形状前袖下缝线在肘线上向内收掉 1cm,后袖下缝线在肘线上向外放出 1cm。量取前后袖下缝线长度,其差在后袖下缝线肘线上收省,省道不宜过长,一般取 6～7cm。若差值不大,面料又易归拔,则可用后袖下缝线归拢、前袖下缝线拔开的方法,使前后袖下缝线长度相等,如图 3-13(b)所示。若面料难以归拔,则在后袖下缝线收省,前袖下缝线拔开,一般差值的三分之二的量作为省道,差值的三分之一的量作为前袖下缝线拔开量。后袖下缝线的省道也可以转移至袖口作为袖口省,既能体现人体手臂的向前倾斜,又能作为假的开衩起到装饰作用,如图 3-13(c)所示。

2. 两片袖

女套装上衣除可采用合体一片袖外,最常用的还有两片袖。因为手臂是一个复杂可动

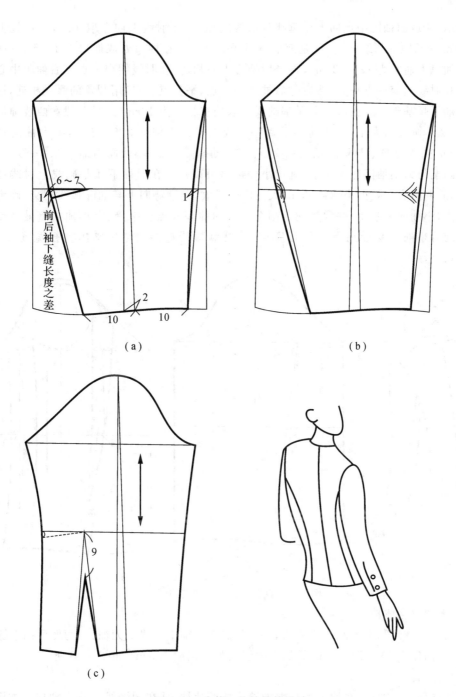

图 3-13　合体一片袖结构设计

的曲面体,用两片袖更能包覆手臂,反映手臂形体特征,同时更具功能性。两片袖也可由原型袖变化而成。

两片袖也可有各式变化,常见的有以下三种:

(1)两片合体西装袖

如图 3-14(a)所示,按照手臂的弯曲方向及袖口宽度画基础袖,即两片袖的平均袖(图中虚线所示）。过前袖肥中点向下作垂线与肘线及相交,在肘线上向左取 1cm,袖口线上向右取 0.5cm 用圆顺的弧线相连,这是前袖下弧线的基础。在袖口处取袖口大 12.5cm(两片女西装袖袖口大通常为 12~13cm),再与后袖肥中心相连,和肘线相交一点与后袖肥中心向下作垂线和肘线相交一点平分,然后过后袖肥中心点、平分点、袖口用圆顺的弧线相连,这就完成了后袖下弧基础线。在后袖下弧基础线上取袖衩长度为 10cm(这是一般女西装袖袖衩的长度)。然后画前后大小袖,在前袖下弧基础线上取大小偏袖 2.5~3cm,即大袖向外扩大 2.5~3cm,并顺势向上与袖窿弧线相交,确定大袖袖窿底点;小袖向内缩小 2.5~3cm,并顺势向上画至与大袖袖窿底点相平,确定小袖袖窿最高点。在后袖下弧基础线上肘线处大小偏袖 1cm,袖山底线处大小偏袖 2cm,大袖向外扩大,并顺势向上与袖窿弧线相交,确定大袖袖窿底点;小袖向内缩小,并顺势向上画至与大袖袖窿底点相平,确定小袖袖窿最高点。最后连接前后小袖袖窿最高点与袖窿底点,用圆顺弧线连接。然后画出袖衩宽度 2cm,如图 3-14(c)所示。

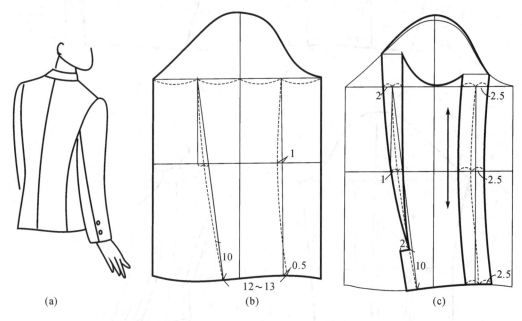

图 3-14　两片合体西装袖结构设计

（2）无袖衩合体袖

结构设计方法基本同两片合体西装袖,只是在后袖下弧线上无袖叉,为使后袖下缝线平缓连接,在袖口有大小偏袖 1cm,并加大肘线处大小偏袖 1.5cm,如图 3-15 所示。

（3）两片直身袖

该袖造型直身宽松,在袖子后片上剖缝形成两片袖,并在剖缝线上收小袖口。如图 3-16所示,袖口宽取 12.5cm,即袖口围度为 25cm,在原型的袖口上截取 25cm 后,剩余的量三等分,在前后袖下缝线上收掉两等分,剩下的一等分在剖缝中收掉。两片直身袖常用在休闲套装中。

二、女套装上衣衣身结构设计原理及变化

女套装上衣衣身变化较多,主要可通过以下途径实现：

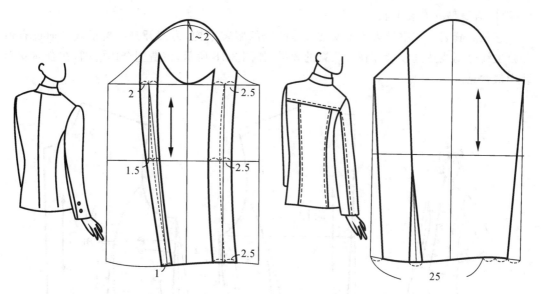

图 3-15　无袖袗合体袖结构设计　　　　图 3-16　两片直身袖结构设计

1. 女套装上衣结构廓型变化

按照女套装上衣的腰部与人体的贴合程度有宽松型、合身型与半合身型。

（1）宽松型女套装上衣

它是女套装上衣中较为宽松的造型，又可称为箱型上衣。其结构设计为腰部直身或在侧缝上略微收进，如图 3-17 所示，该结构轻松舒适，在休闲套装中常见。

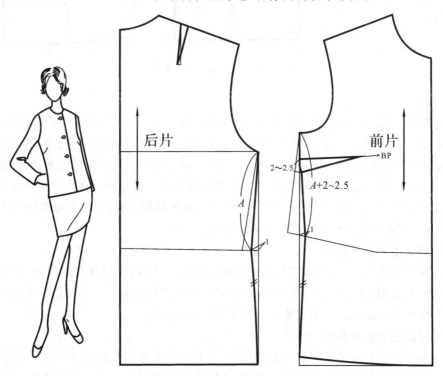

图 3-17　宽松型女套装上衣

（2）合身型女套装上衣

它是女套装上衣中最为体现女性人体曲线的服装结构，为四开身结构形式。通过省道和公主线分割线达到收腰、凸胸、凸臀的效果，如图 3-18 所示，该造型合体妩媚，在合体女套装中最常见。

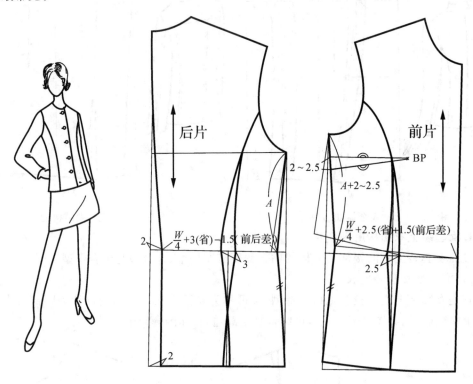

图 3-18 合身型女套装上衣

（3）半合身型女套装上衣

这种结构廓型根据女套装上衣所选用的面料、造型不同有两种形式。图 3-19 所示为具有公主线的三开身结构，它是由男西装结构演变而来。其腋下侧缝处不剖缝，前后公主线向侧面移动，由原来的前后四片变成前、中、后三片。由于前后公主线长度变短，其收腰的程度不能过大，又加之收腰的部位减少，所以三开身结构为腰部不是十分贴体的半合身型。该结构在职业套装中常用。图 3-20 所示为另一种半合身型结构，它是通过省道来达到收腰的效果，由于省道不能过大，所以它也是一种半合身型结构。

3. 女套装上衣长度变化

女套装上衣长度变化自由，它可以不同的长度与裙子或裤子搭配穿着。但上衣的长度有一定的变化范围，其最短不能短至胸围线，最长不能超过裙长。女套装短上衣长度通常最多比腰节线短 2～3cm，而长上衣长度最长应短于裙长 5cm。

4. 女套装上衣的放松量

女套装上衣的放松量会因衣身廓型设计、穿着季节及面料性能的不同而不同。一般在一件衬衫与薄毛衣外面穿着的女套装上衣，其放松量胸围取 10～16cm，腰围取 8～14cm（与胸围放松量相同或小 2cm 左右），臀围取 6～12cm（与腰围放松量相同或小 2～4cm）。

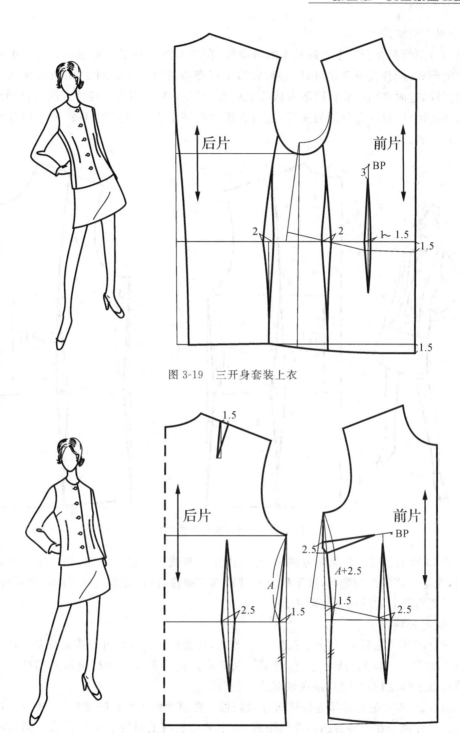

图 3-19 三开身套装上衣

图 3-20 半合身型套装上衣

5. 女套装上衣的分割变化

要使得女套装上衣符合人体,体现女性的三围尺寸,就必须通过省道和分割线来实现。在女套装上衣基本型中可通过纵向、横向及斜向分割产生变化。

（1）纵向分割线

纵向分割线是女套装上衣最基本的结构线，在基本型中采用了从袖窿上进行纵向公主线分割的形式，同样其分割线可以从肩、领口等任意位置进行。如图 3-21 所示为从肩部作分割的式样，这时在前片要将腋下省转移至肩省，而在后片将肩省直接放入纵向分割线。如图 3-22 所示为从领口作分割的式样，这时在前片将腋下省转移至领口省，而在后片将肩省转移至领口省。

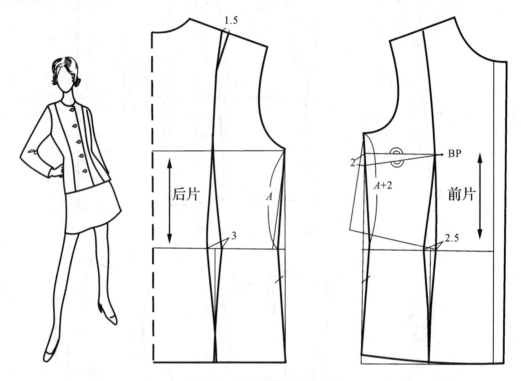

图 3-21　从肩部纵向分割形式

图 3-23 所示是另一种纵向分割的形式，由于分割线不通过胸高点，并且偏离胸高点较大距离，为了保证胸部的隆起，腋下省合并并转移至袖窿，而在分割线以外的省仍保留，这样就形成了具有胸省的纵向分割形式。

（2）横向分割线

横向分割线是在肩部、胸部、腰部、臀部等处，根据款式的需要进行横向分割处理。这时要注意在胸高点、肩胛骨凸出部位、臀围线及其附近的分割线要进行全部或部分的省道转移。若离以上部位较远，则只是在该部位进行分割。

如图 3-24 所示是在肩部进行横向分割处理。在前片由于离开胸部较远，故只是进行剖缝。而在后片由于在肩胛骨凸出部位附近，所以要将肩省的量转移至分割线。最后将前后肩部裁片拼合，使肩缝线消失。

如图 3-25 所示是在胸部进行横向分割处理。由于离开胸部较近，故将前片袖窿上的开落量的一部分（1.5cm 左右）在分割线中收掉。

如图 3-26 所示的横向分割线通过胸高点，这时将腋下省量全部转移至分割线中。

如图 3-27 所示的横向分割线在腰部，由于离开胸部较远，故在分割线不能进行省道转

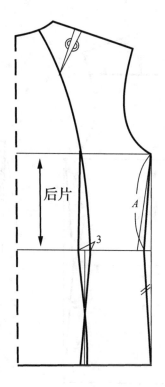
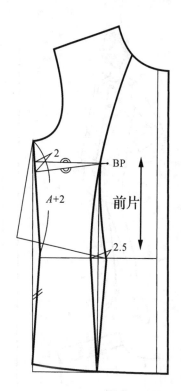

后片

前片

BP

2

A+2

A

3

2.5

图 3-22　从领口纵向分割形式

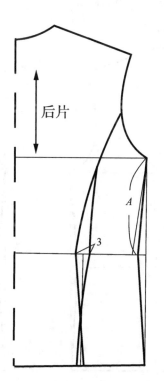
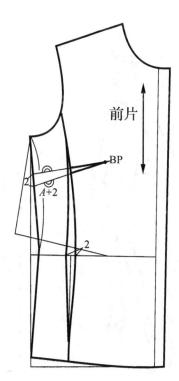

后片

前片

BP

A

A+2

2

3

2

图 3-23　具有胸省的纵向分割形式

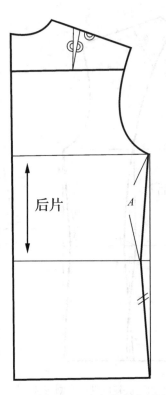

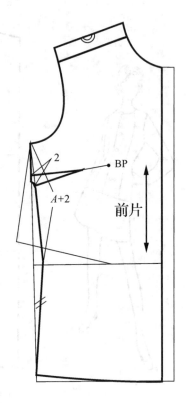

后片

前片

2

BP

A

A+2

图 3-24　肩部横向分割形式

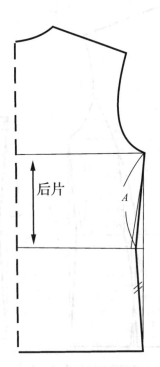

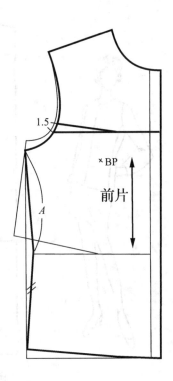

后片

前片

1.5

×BP

A

A

图 3-25　胸部横向分割形式

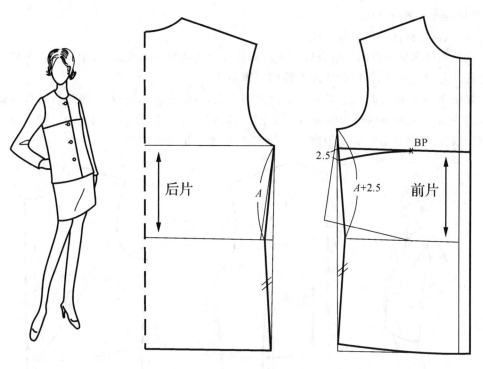

图 3-26　胸高点处横向分割形式

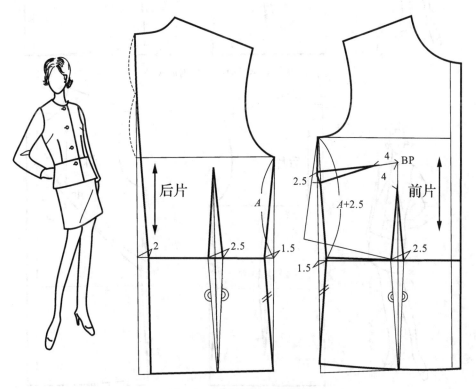

图 3-27　腰部横向分割形式

移,而只是进行剖缝处理。

(3)纵向与横向的组合分割线

它是使用纵向与横向的组合以产生斜向曲线或折线分割的效果,其组合形式各异,可以产生各式各样的设计,并以此体现女性的三围曲线。

如图 3-28 所示为前衣片作 V 字斜向曲线分割,为体现胸部造型,将腋下省转移至袖窿。图 3-29 所示为从腰节附近作斜向曲线分割,这时将腋下省转移至分割线中。图 3-30 所示为作折线分割,腋下省转移至袖窿,并将袖窿省与腰省用折线连接。

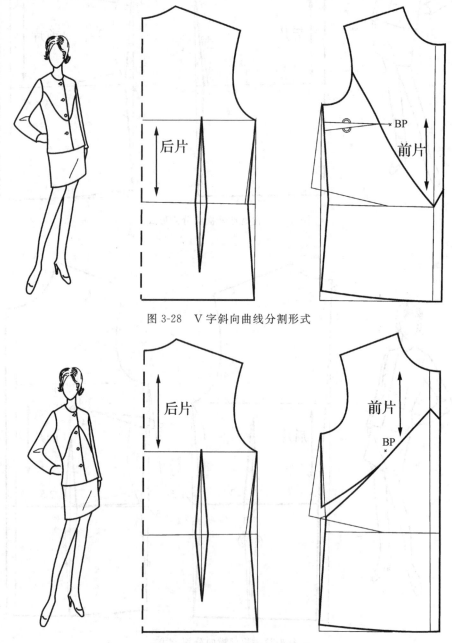

图 3-28　V 字斜向曲线分割形式

图 3-29　腰部斜向曲线分割形式

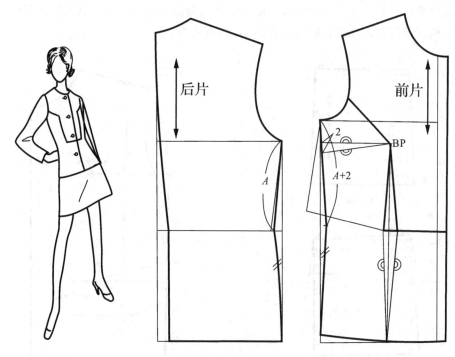

后片

前片

2

BP

A

A+2

图 3-30 折线分割形式

5. 女套装上衣口袋变化

口袋作为装饰部件,在进行设计时要注意局部与整体之间的大小、比例、形状、位置及风格上的均衡、相称、统一、协调。造型美观的口袋,如果不能科学合理地布局,就会破坏服装的整体效果。如宽松舒适的服装往往配以明线大贴袋,而造型精致典雅的服装口袋往往为挖袋、插袋。口袋式样的选配应考虑到服装的造型,如领型的线条是直线或圆形的,则袋型多为矩形或圆形,如西装下摆为圆角,那么袋盖和贴袋的底边角也应做成圆角。这是造型上的统一。还有线条上的平行统一,即口袋的前直边应与衣片前中线平行,其上口线和底边线应与衣片底边平行。当然,有时直线条的服装也可以配上弧形袋,只要布局合理,结构匀称,感觉舒服,同样能产生和谐统一的美感。

从口袋的功能性角度考虑,其所处的位置及大小有一定的要求。一般来说,无论是上袋还是下袋,口袋的大小、位置都要以便于手掌伸入或存放物件为宜。若口袋处于手掌习惯性伸入的位置,则口袋的大小不能小于手掌围度;若口袋处于手掌非习惯性伸入的位置,则口袋的大小不能小于所存入的物件的宽度(如皮夹的宽度、手帕折叠的宽度等)。

(1)袋口大小

袋口大小会因口袋的种类、服装的大小、口袋的位置而有所不同。

贴袋 $\begin{cases} 上袋:0.1B+0.5\sim1.5cm,通常取\ 10\sim12cm。 \\ 下袋:0.1B+5\sim6cm,通常取\ 15\sim17cm。 \end{cases}$

挖袋或插袋 $\begin{cases} 上袋:0.1B+0\sim1cm,通常取\ 9.5\sim11.5cm。 \\ 下袋:0.1B+4\sim5cm,通常取\ 12.5\sim15.5cm。 \end{cases}$

(2)袋形的大小

袋形的大小是指贴袋的袋长、袋底宽和袋盖宽以及袋盖口离袋身距离,如图 3-31 所示。

袋盖离袋口一般为 1.5～2cm,袋盖略大于袋口每边 0.2～0.5cm,其值随面料厚度增加而有所不同。厚度越大,其值越大;厚度越小,其值越小。

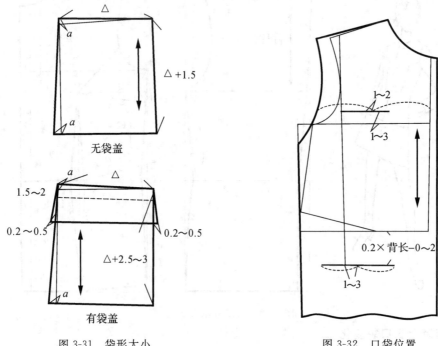

图 3-31　袋形大小　　　　　　　图 3-32　口袋位置

（3）口袋位置（见图 3-32）。

上袋袋口中心点 {上下位置:由原型胸围线向上抬高 1～3cm。
左右位置:由前衣片胸宽平分线向胸宽线移 1～2cm。

下袋袋口中心点 {上下位置:由原型腰节线向下移 0.2×背长－（0～2）cm。
左右位置:由原型胸宽线往人中线移 1～3cm。

6. 女套装上衣搭门变化

女套装上衣搭门主要有四种形式,即单排扣搭门、双排扣搭门、无搭门和偏襟搭门,其他的造型都是由这四种形式演变而来。

（1）单排扣搭门

它是使用最广泛的搭门形式,其大小可根据纽扣的大小而定,一般为 2～3cm。

（2）双排扣搭门

它是由两排纽扣组成的搭门,纽扣以人中线为基准两边对称,搭门的大小根据款式可进行灵活变化,一般为 6～9cm,如图 3-33 所示。

（3）无搭门

它是在前中无搭门,呈开襟的造型,门襟仅至人中线或略微偏离人中线。无搭门上衣门襟往往用镶边或滚边作装饰,如图 3-34 所示。

（4）偏襟搭门

它是不对称搭门的造型,搭门偏襟的大小、位置可根据款式进行变化,可用纽扣、拉链、襟等固定装饰,如图 3-35 所示。

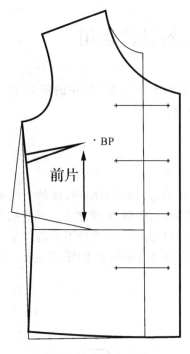

图 3-33 双排扣搭门

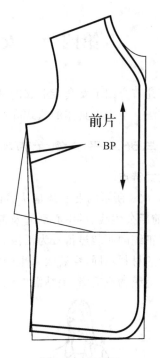

图 3-34 无搭门

图 3-35 偏襟搭门

第四节　女套装上衣结构设计运用

前面几节介绍了女套装上衣的基本型,以及在女套装上衣中经常应用的领子、袖子的结构设计方法。下面以具体的款式介绍其在实际中的运用。

一、三开身平驳领女西装结构设计

1. 款式特点

如图 3-36 所示的女西装是从男西装结构演变而来的,为三开身结构,即腋下侧缝不开刀,通过前后公主线、后中心剖缝及前腰省来调节人体胸围、腰围、臀围之差。前身的两个大贴袋使得正统的西装显得较为活泼。它是一年四季皆宜的服装,可适合不同的体型、年龄,根据使用的材料不同,穿着效果也会发生变化。此款女西装可采用薄毛呢、华达呢、女式呢、法兰绒等毛织物或毛涤、毛粘混纺织物。

图 3-36　三开身平驳领女西装款式

2. 规格设计

表 3-2 所示为三开身平驳领女西装成品规格设计表。

表 3-2　三开身平驳领女西装成品规格　　　　（单位:cm）

号/型	部位名称	后中长	胸围	臀围	肩宽	袖长	袖口宽
160/84A	部位代号	L	B	H	SH	SL	SK
	净体尺寸	38	84	90	38	53	
	加放尺寸	28	14	6	2	3	
	成品尺寸	66	98	96	40	56	12

3. 结构设计（见图3-37）

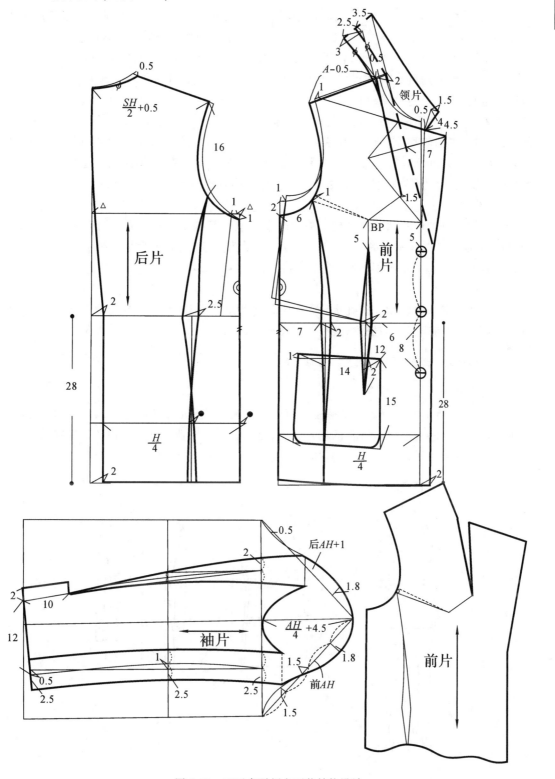

图3-37 三开身驳领女西装结构设计

（1）衣片

使用衣片原型,衣身的长度考虑在人体臀围以下的位置,制图时延长后中心线至腰节以下 28cm。胸围放松量在原型的基础上再加放 4cm(平均加放于前后侧缝),即成品放松量为 14cm,这个松度是合体套装上衣常用的尺寸。款式的肩部是较为合体的,可以使用前后原型肩线,后肩没有肩胛省,根据肩宽的成品尺寸从后颈点向肩斜方向截取 $SH/2+0.5$cm(后肩归缩量)作为后肩宽。侧缝是根据腰节线上下前后侧缝各自相等的原则来确定的,所以前片的袖窿比后片多下降 1cm,剩余的量通过前底摆起翘的方法去掉。袖窿因多开落而增大的 1cm,通过省道转移至领口。为将省道藏于驳领下,以翻折线为对称轴画出翻折后效果,省尖画至离开驳头边缘 1.5cm,如图 3-37 所示。又通过后片中线剖缝收腰、后公主线收腰突臀,前片公主线收腰突胸体现女性三围之差。前后侧片因侧缝不剖缝而将纸样拼合处理。

（2）袖片

袖子为典型的两片西装袖结构。袖山高在原型的基础上增加了 2cm,前袖山斜线长取前 AH,后袖山斜线长取后 $AH+1$cm,前袖缝借量为 2.5cm,后袖缝借量为 2cm,袖口大取 12cm,袖衩长 10cm,如图用圆顺的线条连接大袖片与小袖片。

（3）领片

领子为平驳头西装领。先确定后领腰的高度为 2.5cm,上领面尺寸 3.5cm,故取倒伏量 3cm,翻折线与串口线的位置、大小等如图所示画出。

二、女式戗驳领西装结构设计

1. 款式特点

如图 3-38 所示的女西装是在平驳头西装的基础上变化出来的双排扣西装。此款式较为正式,适合于在某些正规、隆重的场合穿着,也适合用于职业女性中的白领阶层穿着。

此款女西装可采用精纺毛织物,如薄毛呢、华达呢、女式呢、法兰绒、礼服呢等。

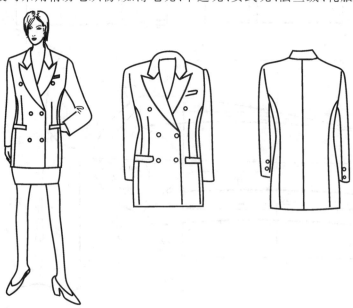

图 3-38　女式戗驳领西装款式

2. 规格设计

表 3-3 所示为女式戗驳领西装成品规格设计表。

表 3-3　女式戗驳领西装成品规格　　　　　　　　（单位：cm）

号/型	部位名称	后中长	胸围	臀围	肩宽	袖长	袖口宽
160/84A	部位代号	L	B	H	SH	SL	SK
	净体尺寸	38	84	90	38	53	
	加放尺寸	29.7	16	8	2	3	
	成品尺寸	67.7	100	98	40	56	12

3. 结构设计（见图 3-39）

（1）衣片

使用衣片原型，衣身的长度考虑到戗驳领双排扣西装一般较长，在人体臀围以下的位置，故制图时延长后中心线至腰节以下 30cm。胸围放松量在原型的基础上再加放 6cm（平均加放于前后侧缝），即成品放松量为 16cm，这个松度是戗驳领双排扣西装常用的尺寸。款式的肩部是较为合体平挺的，在肩端点可以垫一个垫肩，目前流行的垫高量在 0.5～1.0cm。后肩没有肩胛省，根据肩宽的成品尺寸从后颈点向肩斜方向截取 $SH/2+0.5cm$（后肩归缩量）。侧缝是根据腰节线的上下前后侧缝各自相等的原则来确定的，所以前片的袖窿比后片多下降 1cm，剩余的量通过前底摆起翘的方法去掉。袖窿因多开落而增大的 1cm，通过省道转移至领口。为将省道藏于驳领下，以翻折线为对称轴画出翻折后效果，省尖画至离开驳头边缘 1.5cm，如图 3-39 所示。又通过后片中线剖缝收腰、后公主线收腰突臀、前片公主线收腰突胸体现女性三围之差。前后侧片因侧缝不剖缝而将纸样拼合处理。双排扣搭门宽为 6～10cm，这里取 8cm。

（2）袖片

袖子为典型的两片西装袖结构。袖山高在原型的基础上增加了 2cm，前袖山斜线长取前 AH，后袖山斜线长取后 $AH+1cm$，前袖缝借量为 2.5cm，后袖缝借量为 2cm，袖口大取 12cm，袖衩长 10cm，如图用圆顺的线条连接大袖片与小袖片。

（3）领片

领子的结构基本同平驳头西装领，应先确定领形后再确定后领腰的高度、翻折线与串口线的位置、倒伏量的大小等，然后如图延长驳头部分，再画上面的领子。

三、胸部剪接西装结构设计

1. 款式特点

如图 3-40 所示的胸部剪接女西装是在平驳头西装的基础上，变化出来的横向胸部剪接西装。其分割线在胸高点附近，可体现女性的胸部造型，但根据分割的高低不同会产生不同的视觉效果。当分割位置高于胸高点时，会表现得年轻、可爱；当分割位置低于胸高点以下时，则会显得成熟、端庄。图 3-40 所示的横向分割在胸围上，在后背上也进行横向与纵向的分割，门襟前底摆分开，显得正式中带有一点休闲时尚，适合现代职业女性穿着。

此款服装可采用精纺毛织物，如薄毛呢、华达呢、女式呢、法兰绒或毛涤、毛粘混纺织物等。

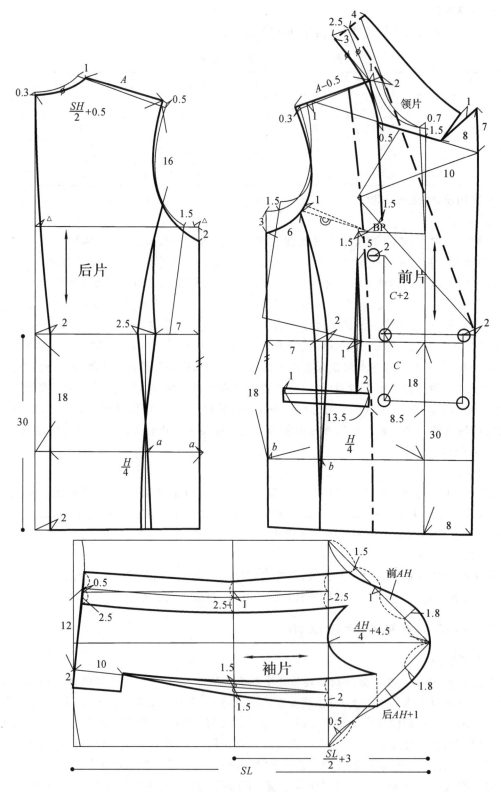

图 3-39　女装戗驳领西装结构设计

图 3-40　胸部剪接西装款式

2. 规格设计

表 3-4 所示为胸部剪接西装成品规格设计表。

表 3-4　胸部剪接西装成品规格　　　　　　　　　　　　（单位:cm）

号/型	部位名称	后中长	胸围	臀围	肩宽	袖长	袖口宽
160/84A	部位代号	L	B	H	SH	SL	SK
	净体尺寸	38	84	90	38	53	
	加放尺寸	25	14	6	0	3	
	成品尺寸	63	98	96	3	56	11

3. 结构设计（见图 3-41）

（1）衣片

使用衣片原型,衣身的长度在人体臀围以下的位置,故制图时延长后中心线至腰节以下 25cm。这是合体套装上衣最常用的尺寸。胸围放松量在原型的基础上再加放 4cm,(平均加放于前后侧缝),即成品放松量为 14cm,这个松度是合体套装上衣常用的尺寸。款式的肩部是合体,后肩没有肩胛省,在原型的基础上去掉 1.3cm,另有 0.5cm 在后肩归缩。如图在后片取横向与纵向分割,在纵向分割线中收腰省;在前片也取横向与纵向分割,在纵向分割线中收腰省,在横向分割线上也收省,其大小为前后侧缝长度之差。

（2）袖片

袖子为典型的一片合体袖结构。袖山高在原型的基础上增加了 2cm,前袖山斜线长取前 AH,后袖山斜线长取后 $AH+1cm$,袖子向前倾斜 2cm,取前后袖口大 11cm。然后将前后袖下缝长度之差作为袖肘省的尺寸在肘线上收掉。

（3）领片

领子的结构基本同平驳头西装领,应先确定领形后再确定后领腰的高度、翻折线与串口

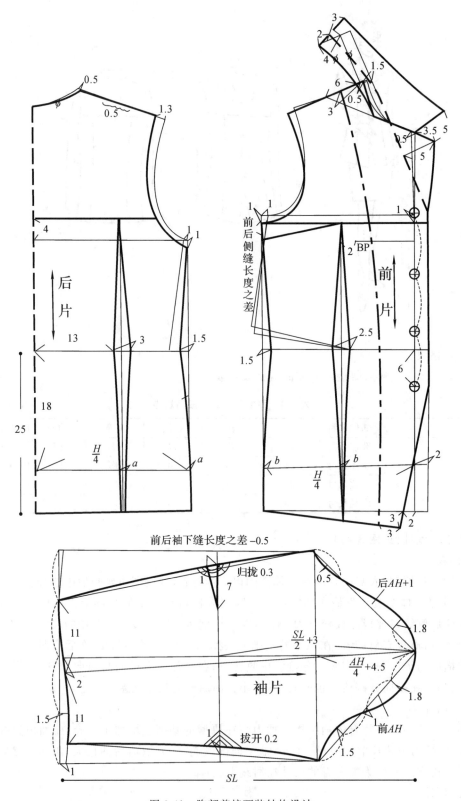

图 3-41　胸部剪接西装结构设计

线的位置、倒伏量的大小等，然后如图画领子。

四、连立领套装上衣结构设计

1. 款式特点

如图 3-42 所示的连立领套装上衣较短，腰部收紧，其造型为合体的 X 型轮廓，为典型的四开身结构。前后通过公主线体现女性的三围人体尺寸。领子为连体立领，门襟钉一颗明扣，其他两个为暗扣，中心底摆分开。该款可适合不同的体型、年龄，根据使用的材料不同，穿着效果也会发生变化。

图 3-42 连立领套装上衣款式

该款连立领套装上衣面料可采用具有一定硬挺度的毛呢、华达呢、女式呢等毛织物或毛涤混纺织物。

2. 规格设计

表 3-5 所示为连立领套装上衣成品规格设计表。

表 3-5 连立领套装上衣成品规格设计 （单位：cm）

号/型	部位名称	后中长	胸围	臀围	肩宽	袖长	袖口宽
160/84A	部位代号	L	B	H	SH	SL	SK
	净体尺寸	38	84	90	38	53	
	加放尺寸	17	14	6	0	3	
	成品尺寸	55	98	96	38	56	12

3. 结构设计（见图 3-43）

（1）衣片

使用衣片原型，衣身的长度考虑在人体臀围上下的位置，制图时延长后中心线至腰节以下 17cm。胸围放松量在原型的基础上再加放 4cm（平均加放于前后侧缝），即成品放松量为

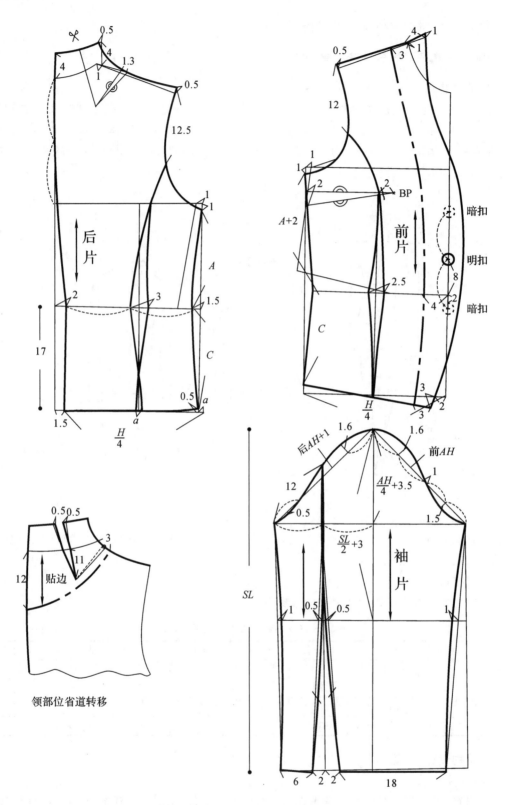

后片

前片

领部位省道转移

袖片

图 3-43 连立领套装上衣结构设计

14cm,这个松度是合体套装上衣常用的尺寸。款式的肩部是较为平挺的,在肩端点可以垫一个垫肩,目前流行的垫高量在0.5～1cm。后肩的肩胛省通过省道转移至领口。肩胛省转移至领口后,在领口处省道两侧需收小0.5cm。连立领的后片也需要贴边,贴边的大小应以包含整个后领口省为准。在后中心取12cm,肩线处取3cm,前片的贴边与后片的贴边在肩线处相等,故取3cm,前中的宽度4cm,底摆处3cm。连立领的高度为4cm,侧颈点开大1cm后垂直上升4cm,与后颈点抬高4cm一点用圆顺的弧线连接,然后在侧颈点处收进0.5cm与肩线用圆顺的线条连接。前片将侧颈点开大1cm后沿肩线延长4cm,然后加大1cm后与前肩线用圆顺的线条连接,前门襟处根据款式图用流畅的线条连接。

（2）袖片

袖子为直身的两片袖。袖山高在原型的基础上增加了1cm,即为$AH/4+3.5cm$,前袖山斜线长取前AH,后袖山斜线长取后$AH+1cm$,确定袖子的肥度。然后如图在后袖片上剖缝并将袖口减小4cm。再如图用圆顺的线条连接大袖片与小袖片。

五、圆驳头合体西装结构设计

1. 款式特点

如图3-44所示的圆驳头合体女西装是从正式四开身女西装结构演变而来的款式。大身口袋采用拉链的形式,使得服装显得潇洒休闲。领子、驳头及门襟底摆用大的圆弧,协调而大方。袖子为直身一片袖,在袖中线剖缝,并在袖口装上拉链作为装饰。

图 3-44　圆驳头合体女西装款式

该款适合年轻女子穿着。面料可采用带有弹性的棉布、涤纶布或牛仔布等。

2. 规格设计

表3-6为圆驳头合体西装成品规格设计表。

表 3-6　圆驳头合体西装成品规格　　　　　　　　　　　(单位:cm)

号/型	部位名称	后中长	胸围	腰围	臀围	肩宽	袖长	袖口宽
	部位代号	L	B	W	H	SH	SL	SK
160/84A	净体尺寸	38	84	66	90	38	53	
	加放尺寸	15	10	8	4	0	3	
	成品尺寸	53	94	74	94	38	56	12

3. 结构设计(见图 3-45)

(1)衣片

使用衣片原型,衣身的长度考虑在人体臀围以上的位置,制图时延长后中心线至腰节以下 15cm。胸围合体,采用原型的放松量,即 10cm,前后片胸围尺寸相等。腰围放松量 8cm,后腰围大为 $W/4-1.5$(前后差)$+3cm$(省量),前腰围大为 $W/4+1.5$(前后差)$+2.5cm$(省量)。臀围放松量 6cm,前后片臀围尺寸相等。款式的肩部是较为合体的,可以使用前后原型肩线,后肩没有肩胛省,根据肩宽的成品尺寸从后颈点向肩斜方向截取 $SH/2+0.5cm$(后肩归缩量)。侧缝是根据腰节线的上下前后侧缝各自相等的原则来确定的,在前片腋下取省道量 2cm,该值通过省道转移放入公主线的剖缝中。

(2)袖片

袖子为直身一片袖。袖山高取 14cm,前袖山斜线长取前 AH,后袖山斜线长取后 $AH+1cm$,确定袖肥。按袖肥垂直延长至袖口,在袖口处取袖口大 24cm,剩余的量分成三部分,其中各 2cm 在袖下缝线中收掉,另一部分平分于袖中剖缝线的两侧。袖山弧线如图画出。

(3)领片

领子为平驳头西装领,应先确定领形后再确定后领腰的高度、翻折线与串口线的位置、倒伏量的大小等,再如图画领子。

六、青果领套装上衣结构设计

1. 款式特点

如图 3-46 所示的青果领套装上衣采用肩部分割公主线造型,为四开身结构。利用前后公主线表现出女性的人体曲线。领子采用细长青果领,袖子为合体一片袖。

该款青果领套装上衣可采用精仿花呢或毛涤混纺织物。

2. 规格设计

表 3-7 为青果领套装上衣成品规格设计表。

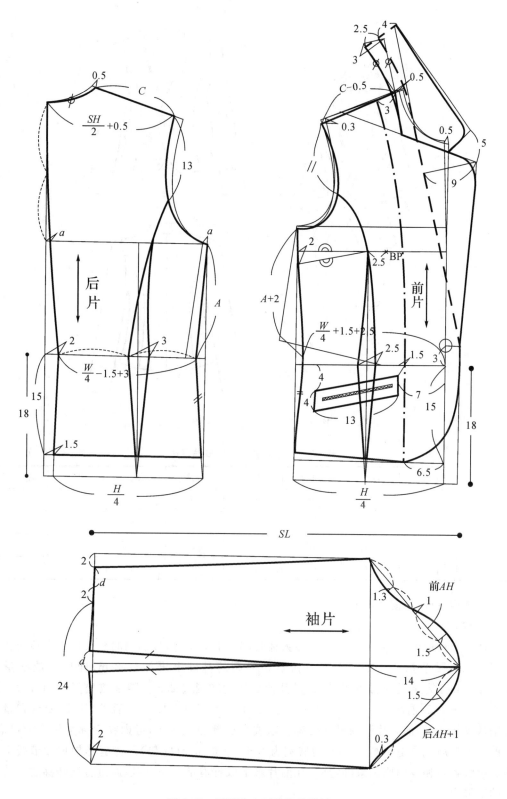

图 3-45 圆驳头女西装结构设计

图 3-46　青果领套装上衣款式

表 3-7　青果领套装上衣成品规格　　　　　　　（单位：cm）

号/型	部位名称	后中长	胸围	腰围	臀围	肩宽	袖长	袖口宽
	部位代号	L	B	W	H	SH	SL	SK
160/84A	净体尺寸	38	84	66	90	38	53	
	加放尺寸	15	12	10	4	1	3	
	成品尺寸	53	96	76	94	39	56	11

3. 结构设计（见图 3-47）

（1）衣片

使用衣片原型，衣身的长度考虑在人体臀围以上的位置，故制图时延长后中心线至腰节以下 15cm，腰节抬高 1cm。胸围放松量在原型的基础上再加放 2cm，即成品放松量为 12cm。2cm 放松量全部放在前片，使前片比后片的胸围大 2cm。腰围放松量 10cm，后腰围大为 $W/4-1.5$（前后差）$+3$cm（省量），前腰围大为 $W/4+1.5$（前后差）$+2.5$cm（省量）。臀围放松量 4cm，前后片臀围尺寸相等。款式的肩部加大 1cm，考虑在肩部加一个薄垫肩，在前后原型肩端点上抬高0.5cm，后肩宽为 $SH/2+0.5$cm（吃势）。侧缝是根据腰节线上下前后侧缝各自相等的原则来确定的，在前片腋下取省道量 2cm，该值通过省道转移放入公主线的剖缝中。

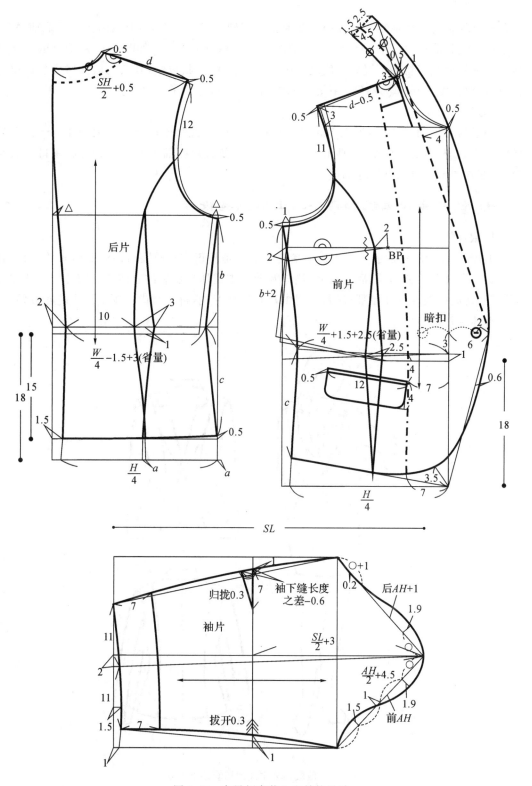

图 3-47 青果领套装上衣结构设计

（2）袖片

袖子为合体一片袖结构。袖山高在原型的基础上增加了 2cm，前袖山斜线长取前 AH，后袖山斜线长取后 $AH+1cm$，袖子向前倾斜 2cm，袖口宽 11cm，如图 3-47 用圆顺的线条连接前后袖下缝线。将袖下缝线长度之差中的 0.6cm 作为归拔量，其余的取袖肘省。袖口处作拼接，取长度 7cm 作为袖口拼接量。拼接处加嵌条，与领子作呼应。

（3）领片

领子为青果领，后领高为 1.5cm，后领面 2.5cm，为此领子倒伏量较大为 4.5cm。青果领的挂面在串口线处不剪开，即无拼接线，为此将前衣片挂面中的一部分与后领口贴边相拼，如图画领子。青果领边缘加嵌条。

七、戗驳领公主线加褶套装上衣结构设计

1. 款式特点

如图 3-48 所示的戗驳领公主线加褶套装上衣是从正式女西装结构演变而来的，为四开身结构。通过前后公主线、后背剖缝、侧缝及前胸省道体现服装的立体感。前片公主线在腰部断开，将底摆展开并在腰部打褶，正规中富有创意变化，符合时尚。领子为小的戗驳领，袖子为合体两片袖。

图 3-48　戗驳领公主线加褶套装上衣款式

该款式可适合不同的体型、年龄女性穿着。根据使用的材料不同，穿着效果也会发生变化。可采用薄毛呢、华达呢、女式呢、法兰绒等毛织物或毛涤、毛粘混纺织物。

2. 规格设计

表 3-8 为戗驳领公主线加褶套装上衣成品规格设计表。

表 3-8　戗驳领公主线加褶套装上衣成品规格　　　　　　　　（单位：cm）

号/型	部位名称	后中长	胸围	腰围	臀围	肩宽	袖长	袖口宽
160/84A	部位代号	L	B	W	H	SH	SL	SK
	净体尺寸	38	84	66	90	38	53	
	加放尺寸	14.5	10	8	4	0	3	
	成品尺寸	52.5	94	74	94	38	56	12

3. 结构设计（见图 3-49）

（1）衣片

使用衣片原型，衣身的长度考虑在人体臀围以上的位置，故制图时延长后中心线至腰节以下 15cm。胸围放松量与原型相同，即成品放松量为 10cm。腰围放松量 8cm，后腰围大为 $W/4-1.5$（前后差）$+3cm$（省量），前腰围大为 $W/4+1.5$（前后差）$+2.5cm$（省量）。臀围放松量 4cm，前后片臀围尺寸相等。款式的肩部也是较为合体的，可以使用前后原型肩线，后片肩胛省 1.3cm 在公主线上收去。侧缝是根据腰节线上下前后侧缝各自相等的原则来确定的，在前片腋下取省道量 2cm，该值通过省道转移放入公主线的剖缝中。但在公主线至胸高点之间的省道不要转移，作为吃势收去。前片公主线在腰部断开，将底摆展开 5cm 并在腰部拉开 2.5cm，然后打褶。

（2）袖片

袖子为典型的两片西装袖结构。袖山高在原型的基础上增加了 2cm，前袖山斜线长取前 AH，后袖山斜线长取后 $AH+1cm$，前袖缝借量为 2.5cm，后袖缝借量为 2cm，袖口大取 12cm，袖衩长 10cm，如图用圆顺的线条连接大袖片与小袖片。

（3）领片

领子为平驳头西装领，确定后领腰的高度、翻折线与串口线的位置、倒伏量的大小等，如图画领子。

八、腰部分割式套装上衣结构设计

1. 款式特点

如图 3-50 所示的腰部分割式套装上衣款式简洁时尚。大身腰部分割，前身拼接，后身腰节下悬空交叉，呈现女性纤细的腰身。领子为戗驳领。袖子是两片西装袖。

该款女西装可采用精仿薄毛呢、华达呢等毛织物或毛涤、毛粘混纺织物。

2. 规格设计

表 3-9 为腰部分割式套装上衣成品规格设计表。

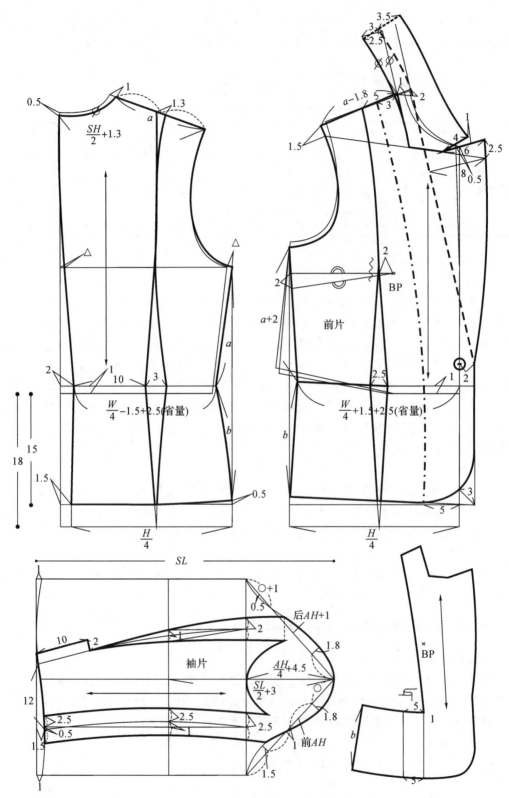

图 3-49　戗驳领公主线加褶套装上衣结构设计

图 3-50 腰部分割式套装上衣款式

表 3-9 腰部分割式套装上衣成品规格 （单位：cm）

号/型	部位名称	后中长	胸围	臀围	肩宽	袖长	袖口宽
	部位代号	L	B	W	SH	SL	SK
160/84A	净体尺寸	38	84	90	38	53	
	加放尺寸	21.5	14	8	0	3	
	成品尺寸	59.5	98	98	39	56	12.5

3. 结构设计（见图 3-51）

（1）衣片

首先使用衣片原型，衣身的长度考虑在人体臀围略下的位置，制图时延长后中心线至腰节以下 18cm，后中心交叉重叠 6cm。后腰不收省，宽松悬空。胸围放松量在原型的基础上再加放 4cm，（平均加放于前后侧缝），即成品放松量为 14cm。款式的肩部也是较为合体的，可以使用前后原型肩线，后肩没有肩胛省，根据肩宽的成品尺寸从后颈点向肩斜方向截取 $SH/2+0.5cm$（后肩归缩量）。后片侧腰收进 1.5cm。后腰下口断开，后下片中心交叉 6cm，如图画后下片上口。侧缝取腰节下 15cm，臀围尺寸向外放出 2cm。前衣片中心倒伏

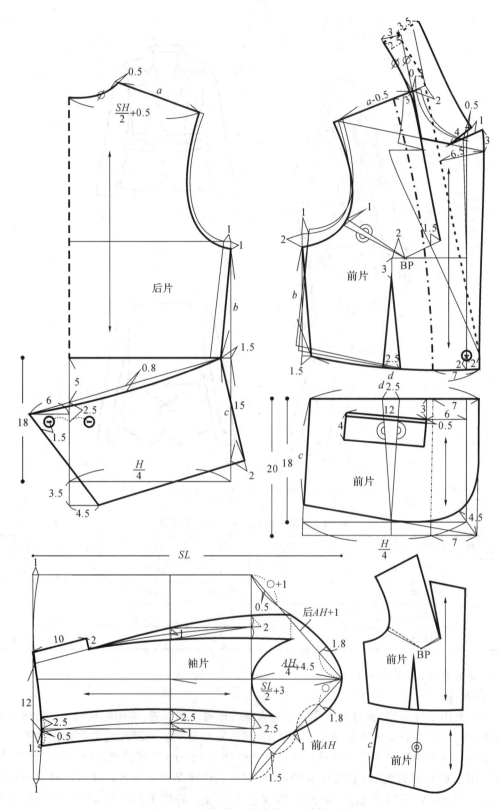

图 3-51　腰部分割式套装上衣结构设计

0.5cm,前后开大侧颈点 0.5cm,前肩线长度＝后肩线长度－0.5cm(归缩量)。侧缝是根据腰节线上下前后侧缝各自相等的原则来确定的,所以前片的袖窿比后片多下降 1.0cm,剩余的量通过前底摆起翘的方法去掉,而下降的量 1cm 通过省道转移转至领口省。为将省道藏于驳领下,以翻折线为对称轴画出翻折后效果,省尖画至离开驳领边缘 1.5cm。前片腰节下先取与上腰部相同尺寸做上口,下口取 $H/4$ 尺寸做下口做梯形,然后取前侧缝长度＝后侧缝长度,如图画出前中心圆摆,然后将省道 2.5cm 折叠。前衣片下部折叠与前衣片上部省道转移见图 3-51。

（2）领片

领子为戗驳领。如图确定后领高 2.5cm,至侧颈点处降低至 2cm,领面宽为 6cm,根据面料厚薄确定领子倒伏 3cm,量取后领口弧线的长度,再根据款式图画戗驳领缺嘴形状。

（3）袖片

袖子为典型的两片西装袖结构。袖山高在原型的基础上增加了 2cm,前袖山斜线长取前 AH,后袖山斜线长取后 $AH+1cm$,前袖缝借量为 2.5cm,后袖缝借量为 2cm,袖口大取 12cm,袖衩长 10cm,如图用圆顺的线条连接大袖片与小袖片。

九、燕子领公主线套装上衣结构设计

1. 款式特点

如图 3-52 所示的燕子领公主线套装上衣为四开身西装结构,公主线从领口向下顺势而剖,将前片袋口装在前公主线。公主线及插袋上缉有明线,显得休闲时尚。领子为燕子驳

图 3-52　燕子领公主线套装上衣款式

领,袖子为无袖叉两片袖。

该款燕子领公主线套装上衣以采用粗花呢、绒布等较粗犷的面料制作为宜。

2. 规格设计

表 3-10 为燕子领公主线套装上衣成品规格设计表。

表 3-10　燕子领公主线套装上衣成品规格　　　　（单位:cm）

号/型	部位名称	后中长	胸围	腰围	臀围	肩宽	袖长	袖口宽
160/84A	部位代号	L	B	W	H	SH	SL	SK
	净体尺寸	38	84	66	90	38	53	
	加放尺寸	29.5	20	18	16	2	3	
	成品尺寸	67.5	104	84	106	40	56	12

3. 结构设计(见图 3-53)

(1)衣片

使用衣片原型,衣身的长度考虑在人体臀围以下的位置,制图时延长后中心线至腰节以下 30cm。胸围放松量考虑该上衣采用的面料较厚,款式较休闲,在原型的基础上再加放 10cm(平均加放于前后侧缝),即成品放松量为 20cm,这个松度是休闲套装上衣常用的尺寸。款式领口前后侧颈点开大 1.5cm,前后肩部抬高 1cm(垫肩),根据肩宽的成品尺寸从后颈点向肩斜方向截取 $SH/2+1.5cm$(其中 1cm 为省道转移量,0.5cm 为后肩归缩量)。前肩线长度=后肩长度−0.5cm(归缩量)。前片与后片的袖窿下降量都为 2.5cm。腰节线上的前侧缝=后侧缝+2cm(省道量),2cm 省道转移至领口;腰节线下根据相等的原则来确定的。后片中线不剖缝,通过后公主线收腰突臀,前公主线收腰突胸,体现女性三围曲线。

(2)袖片

袖子为合体两片袖结构。袖山高在原型的基础上增加了 2cm,前袖山斜线长取前 AH,后袖山斜线长取后 AH+1cm,前袖缝借量为 2.5cm,后袖缝借量在袖山底线上为 2cm,肘线上为 1.5cm,袖口处为 1cm,如图用圆顺的线条连接大袖片与小袖片。

(3)领片

领子为燕子驳领,先确定后领腰的高度、翻折线与串口线的位置、倒伏量的大小等,再如图画领子。

十、青果领双排扣腰部分割套装上衣结构设计

1. 款式特点

如图 3-54 所示的青果领双排扣腰部分割套装上衣腰部分割,上半身采用三开身结构,通过腰省收腰。利用公主线和领口省表现出立体感。领子采用青果领,袖子为合体一片袖。

该款青果领双排扣腰部分割套装上衣以采用精仿薄毛呢、华达呢等毛织物或毛涤、毛粘混纺面料制作为宜。

2. 规格设计

表 3-11 为青果领双排扣腰部分割套装上成品规格设计表。

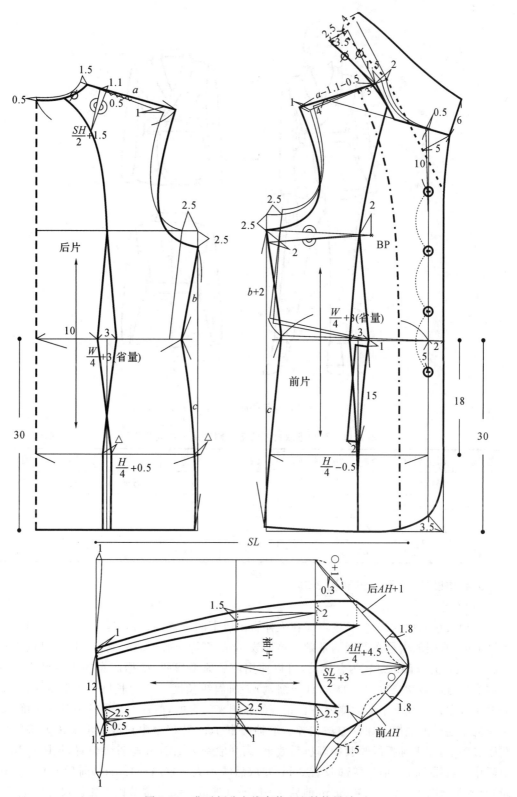

图 3-53　燕子领公主线套装上衣结构设计

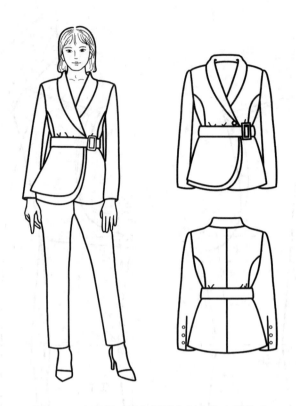

图 3-54　青果领双排扣腰部分割套装上衣款式

表 3-11　青果领双排扣腰部分割套装上衣成品规格　　　　　（单位：cm）

号/型	部位名称	后中长	胸围	腰围	臀围	肩宽	袖长	袖口宽
	部位代号	L	B	W	H	SH	SL	SK
160/84A	净体尺寸	38	84	66	90	38	53	
	加放尺寸	22.5	14	12	8	1	3	
	成品尺寸	60.5	98	78	98	39	56	12

3. 结构设计（见图 3-55 和图 3-56）

（1）衣片

使用衣片原型，衣身的长度考虑在人体臀围以下的位置，制图时延长后中心线至腰节以下 23cm。胸围放松量在原型的基础上再加放 4cm（平均加放于前后侧缝），即成品放松量为 14cm。款式的肩部也是较为合体的，可以使用前后原型肩线，根据肩宽的成品尺寸从后颈点向肩斜方向截取 $SH/2+0.5cm$（归缩量）。前肩线长度＝后肩长度－0.5cm（归缩量）。侧缝是根据腰节线上下前后侧缝各自相等的原则来确定的，前片的袖窿比后片多下降 1cm，剩余的量通过前底摆起翘的方法去掉。取袖窿省 1cm 转移至串口线。考虑需要将领口省藏于驳头下，根据翻折线画驳领翻折后效果，离开驳领边 1.5cm 画省尖位置，见图 3-56。腰节后中心收腰 2cm。前后腰部收省 3cm，并取后腰围大＝$W/4-1.5cm$（前后差）＋3cm（省量）＝c；前腰围大＝$W/4+1.5cm$（前后差）＋3cm（省量）＝d。腰节以下腰围尺寸同上，并将省道 3cm 折叠转移至下摆，见图 3-56。前右侧下摆双层，上层比下层减少 1.5cm。上衣在

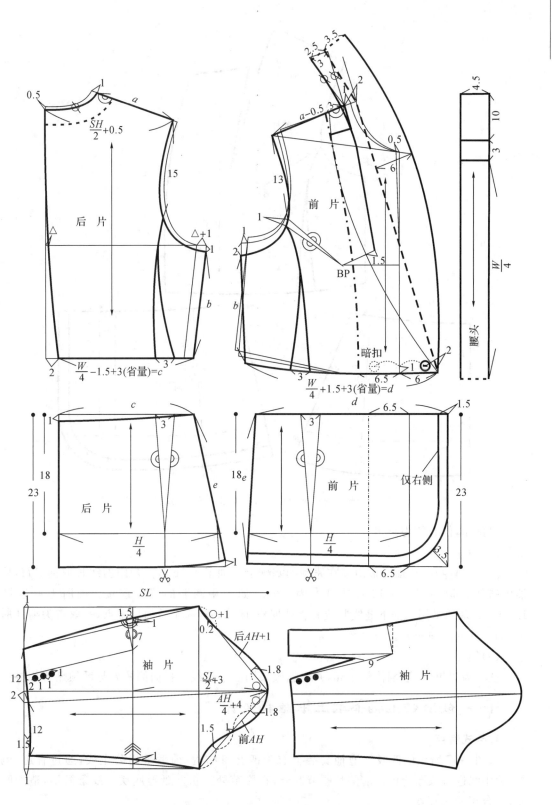

图 3-55　青果领双排扣腰部分割套装上衣结构设计（一）

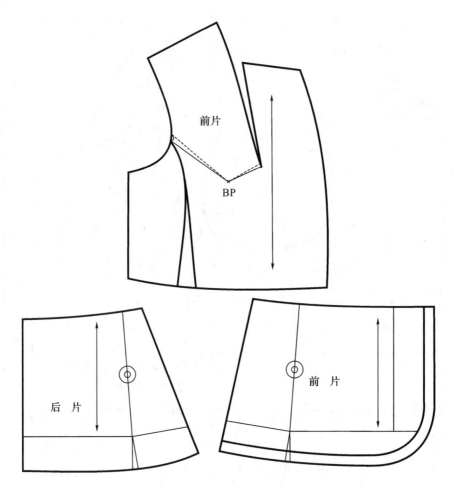

图 3-56　青果领双排扣腰部分割套装上衣结构设计(二)

腰部双排扣,但右侧为暗扣。

(2)袖片

袖子为直身一片袖。袖山高在原型的基础上增加了 1.5cm,前袖山斜线长取前 AH,后袖山斜线长取后 $AH+1cm$,袖口大为 12cm,如图用圆顺的线条连接。袖肘上取省量 1.5cm,其余的量用于袖下缝线归拔。将袖肘省 1.5cm 转移至后袖口中点,并取省尖离开肘部 9cm,见示意图 3-55。

(3)领片

领子为青果领,取倒伏量 3cm,并根据效果图画串口线。挂面侧颈处与后领贴边相拼。

十一、戗驳领泡袖套装上衣结构设计

1. 款式特点

如图 3-57 所示的戗驳领泡袖套装上衣为四开身结构,前后采用公主线,通过省道、侧缝、后中线进行收腰合体。前侧片腰节断开,在腰节处打折并延至底摆。线条简洁,造型时尚,适合年轻人穿着。

该款戗驳领泡袖套装上衣可采用涤粘混纺织物、棉织物或薄毛呢等薄型织物。

图 3-57　戗驳领泡袖套装上衣款式

2. 规格设计

表 3-12 为戗驳领泡袖套装上衣成品规格设计表。

表 3-12　戗驳领泡袖套装上衣成品规格　　　　　　　　　　（单位:cm）

号/型	部位名称	后中长	胸围	腰围	臀围	肩宽	袖长
	部位代号	L	B	W	H	SH	SL
160/84A	净体尺寸	38	84	66	90	38	
	加放尺寸	26	10	8	6	-3	
	成品尺寸	64	94	74	96	35	28

3. 结构设计(见图 3-58)

(1)衣片

使用衣片原型,衣身的长度考虑在人体臀围以下的位置,制图时延长后中心线至腰节以下 26cm。胸围放松量利用原型尺寸,即成品放松量为 10cm。款式的袖子是泡袖,肩宽减少 3cm。肩部是较为合体的,可以使用前后原型肩线,根据肩宽的成品尺寸从后颈点向肩斜方向截取 $SH/2+0.3cm$(后肩归缩量)。侧缝是根据腰节线上下前后侧缝各自相等的原则来确定的,前片腰节以上取后侧缝长度+2cm(省道),剩余的量通过前底摆起翘的方法去掉。将腋下省道(2cm)转移放入公主线中。前片腰部断开,在底摆处展开 5cm,并在腰部从

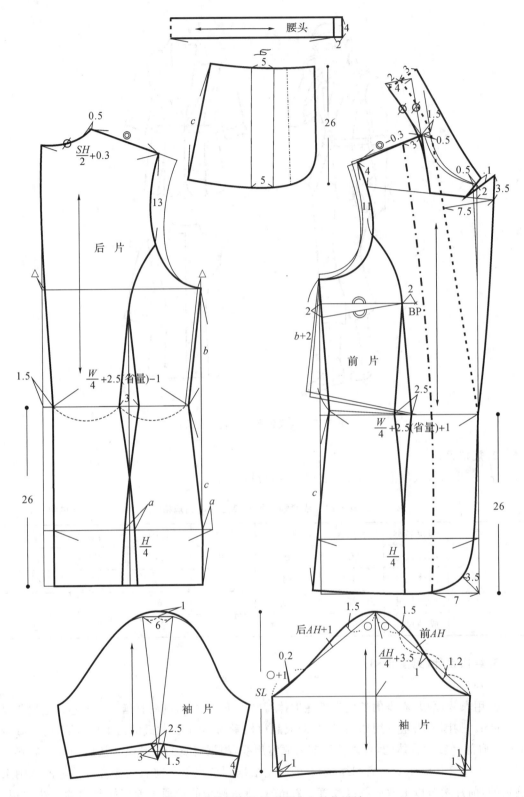

图 3-58 戗驳领泡袖套装上衣结构设计

2.5cm拉开至 5cm。

（2）袖片

袖子为一片短袖。袖山高在原型的基础上增加了 1cm,前袖山斜线长取前 AH,后袖山斜线长取后 $AH+1cm$,袖口处两边收小 1cm,用圆顺弧线画袖口。袖山头展开 6cm 作泡袖,如图用圆顺弧线画图,袖口加贴边,见图 3-57。

（3）领片

领子为戗驳领,领腰设定为 2.0cm,故取倒伏量为 4.0cm,上领面宽为 3.0cm,如图画领子。

第四章　女背心结构设计

第一节　概　述

一、女背心种类及功用

背心又称马甲、坎肩。女装中的背心是从男式服装中的三件套(西装、西裤和背心)中借鉴而来的,但它同时融入了女装的造型特征,款式变化较丰富。

女背心既可以与套装等组合形成件套穿着,也可以单独造型而与衬衫、毛衣、裙子或裤子等自由搭配。尤其是在春夏之交或夏秋之交等气候变化大的季节里,背心穿脱方便,可以用来调节冷暖,同时背心穿着时手臂活动自如,因此成为女士们较为喜爱的服装品种之一。

从长度上看,女背心有长、短之分。从造型特征上看,与其他女装一样,背心也有 X 型、A 型、H 型和 Y 型之分。从服装风格上看,背心有类似于男背心,而与套装或西装裙搭配适合在较正式的场合穿着的类型;也有较宽松的运动休闲式类型背心,多采用明贴袋、明线、金属扣、拉链等配件装饰,适合户外活动时穿着。

二、女背心面料的选择

女背心在面料品种的选择上范围较广,棉、毛、丝、麻、化纤和皮革等面料几乎均可采用。如棉织物中的帆布、卡其等适合于制作休闲类的背心;而毛织物如华达呢、啥味呢等用于制作正装类背心较合适;丝织物中的缎类光泽美丽,做成的背心给人高贵华丽的视觉效果;皮革类如仿蛇皮等制成的背心则富有时尚感。总之,女背心在选料时可以选择与外套或下装相同的面料,也可以选择在图案、色彩、质地上有变化的面料,通过穿着时的搭配而形成整体的效果。

第二节　女背心基本款结构设计

一、款式特点

图 4-1 所示为一收腰的较为贴身的短背心。领子采用 V 型领,单门襟,尖角底摆,后中

断开,腰部利用省道收细,前片袖窿和腋下贴合人体,所以胸省量转移至前片腰省中。整体造型简洁大方,是女背心中常见的基本款。

面料可采用薄毛呢、华达呢、女式呢、法兰绒等毛织物。里料采用与面料同色调或稍浅色的美丽绸、羽纱、涤丝纺等。衬布用薄毛衬。

图 4-1　女背心基本款式

二、规格设计

表 4-1 所示为女背心基本款成品规格设计表。

表 4-1　女背心基本款成品规格　　　　　　　　　　　　（单位:cm)

号/型	部位名称	后中长	胸围	臀围
160/84A	部位代号	L	B	H
	净体尺寸	38	84	90
	加放尺寸	8	12	6
	成品尺寸	46	96	96

三、结构设计(见图 4-2)

1. 后衣片

(1)底边辅助线。原型背长 38cm,所以在原型的腰围线以下追加 8cm 即为后中长,作腰围线的平行线。

(2)后中线。因后中为拼缝结构,所以可以利用该结构线作收腰处理,即在腰线上收进1.5cm,臀围线上收进 1cm,与背宽处连接成符合人体背部造型的圆顺弧线。

(3)侧缝辅助线。原型已有 10cm 的松量,该款式的全身胸围在原型的基础上加放

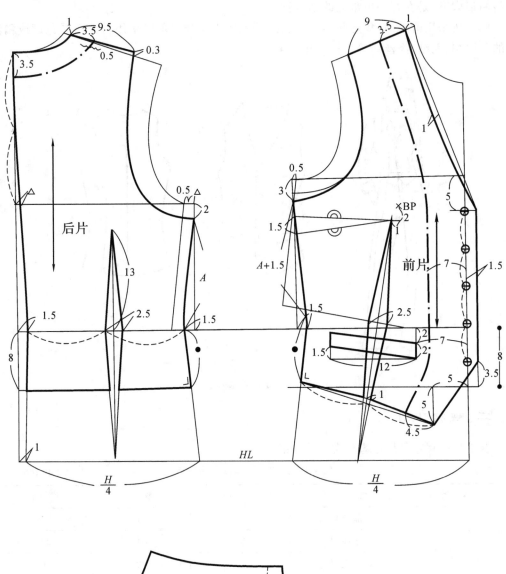

后片

前片

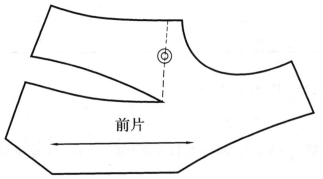

前片

图 4-2　女背心基本款结构设计

2cm,按比例分配在后片的一半加放 0.5cm,补上后中线去掉的胸围量,向下作垂线。

(4)后领口弧线。后侧颈点沿肩线开大 1cm,重新绘制后领弧线。

(5)后肩线。根据款式图中该背心的小肩覆盖人体肩部的比例,取后肩线长为 9.5cm,同时在原型的肩线上抬高 0.3cm,给予肩部松量,连接新侧颈点绘出后肩线。

(6)后袖窿弧线。袖窿底点比原型低 2cm,参照原型中的后袖窿弧线,将新袖窿底点与新肩点连接圆顺。

(7)侧缝线。根据人体侧面的弧线造型要求,侧缝线在腰线上收进 1.5cm。为确保臀围尺寸合适,在臀围线上取 $H/4$,连接袖窿底点绘出圆顺的侧缝线。

(8)后腰省。取后腰围的二分之一处为靠近后中的省道一侧,省大 2.5cm,腰线以上省道长 13cm。

2. 前衣片

(1)底边辅助线。同后片一样,在原型的腰围线以下追加 8cm 作腰围线的平行线。

(2)侧缝辅助线。延长胸围线加放 0.5cm 的放松量,向下作垂线。

(3)前领口弧线。与后片一样,前侧颈点沿肩线开大 1cm。根据纽扣直径取搭门宽 1.5cm,根据效果图中的前中线上的比例关系,将前领深开至原型的胸围线以下 5cm 处,先用直线连接该两点后取内凹 1cm 绘出 V 型领弧线。

(4)前肩线。后肩线为 9.5cm,取前肩线长为 9cm,其余 0.5cm 为吃势,定出肩点。

(5)前袖窿弧线。后片的袖窿底点下降了 2cm,前片则在前片原型的袖窿底点基础上下降 3cm,多下降 1cm 是为了分解原型中较大的胸省量,然后参照原型中的前袖窿弧线,连接新肩点绘出圆顺的袖窿弧线。

(6)侧缝线。与后片相同,前腰侧也收进 1.5cm,臀围线上取 $H/4$,绘出圆顺的侧缝线。取腋下省 15cm,根据前后衣片侧缝线等长的原则确定腰节点,再确定摆侧点,即底边的起翘程度。

(7)底边线。尖角底摆在前中止口线处距底边辅助线 3.5cm。尖角在水平方向距前中线 5cm,竖直方向取底边辅助线向下 5cm,将底边绘制成略微上凹的圆顺弧线。

(8)前腰省。取前底边线二分之一点,取 BP 点向下 2cm 向侧缝偏 1cm 作为省尖,连接即为省中线,取前腰省大 2.5cm。

(9)胸省。在侧缝上取胸省量,连接省尖,绘上拼接整形符号,表示该省进行转移,即转移至前腰省中。见图。

(10)扣位。止口线长即为第一扣位和最后一颗扣位,图中共有五颗纽扣,将两者间距四等分,每一等分点即为扣位。

(11)口袋。袋位较高,距原型腰节线 2cm,距前中 7cm,靠近侧缝处上翘 1.5cm;袋口长为 12cm,袋面宽 2cm。

第三节　女背心结构设计原理及变化

女背心结构设计变化主要有大身尺寸与部位造型两个方面:

一、大身尺寸

1. 胸围

正装类的女背心的胸围放松量一般较少，通常取 6～14cm，尤其是搭配在套装内穿着的背心。由于背心为无袖结构，前后袖窿尤其是袖窿底处要贴合人体的胸、背部及腋下部位，否则会显得空荡、漂浮。其次作为套装内穿着的背心要求能较贴身地附在人体上，束缚里面的衬衫和下装的腰部来更好地体现套装平整挺括的外形和流畅优美的立体造型，而套装的胸围放松量本身一般就不是很大，所以背心的胸围放松量自然更少些。而作为外穿的背心根据造型的需要，在设定胸围放松量时变化范围则相对较大，通常为 10～20cm。

2. 腰围

由于正装类的女背心多为较贴身的 X 型造型，所以其设定的胸腰差量一般较大，以充分体现女性的体型特征，通常取 14～20cm。常见的应用于女装造型胸腰差的处理方法都同样适用于女背心中，如在腰节线上通过在前后片中间收腰省和侧缝处收进而收紧腰部，或将前后片中的省量转移至公主线等分割线中进行造型等。而呈 H 型造型的休闲类背心则几乎不设胸腰差，A 型造型的背心则有意加大下摆使之宽松。

3. 衣长

女背心的长度有长有短，其中以实用性、组合性较强的短背心更为常见。其长度一般在原型的腰节线以下 7～12cm，即中臀围附近。这个长度的背心穿着后显得年轻、精干而敏捷，适合年轻女性和职业女性穿着。而长背心一般直接作为外穿用，不与外套组合，所以其长度与西装相似，一般在臀围线以下，它体现了女性大方稳重贤淑或飘逸的风格，适合于中青年女性和休闲类场合穿着。

二、部位造型

1. 领子

由于背心没有袖子，领子自然成为造型的重点部位，与套装等组合的背心一般采用 V 型领或 U 型领的无领造型为多，在造型时尤其要注意横、直开领的比例和领圈弧线的美观性。而作为直接外穿的背心的领子造型则自由得多，如丝瓜领、西装领、立领等均可采用。

2. 门襟

门襟在背心的造型中也有一定的变化。大多数的背心采用单门襟形式，也有的背心采用双排扣的门襟形式或直接用拉链、系带、布环等方式使左右衣片扣合。

3. 底摆

底摆的造型是女背心中较有变化的部位，除水平式的底摆外，女背心还在参考男背心中尖角底摆的基础上，通过变化底摆尖角的角度、高低和位置等形成各种底摆造型。

4. 口袋

口袋在女背心中往往更多的是起装饰作用。正装类的背心由于本身比较小巧，所以多采用挖袋形式。它们既显得精致，又能打破纵向的省道线或分割线的单调感。而贴袋和插袋则多用于休闲类的背心中，由于这类背心的立体感较差，利用面积较大的口袋能增加趣味性，形成视觉中心。

第四节　女背心结构设计运用

一、长背心结构设计

1.款式特点

图 4-3 所示为一公主线长背心,前后衣片中的省道融入衣片的公主线中使胸部突起而腰部收紧,勾勒出女性的形体曲线。配上水平式底摆和大方的西装领使整件服装显得端庄秀气。

面料可采用薄毛呢、华达呢、女式呢、法兰绒等毛织物。里料采用与面料同色调或稍浅色的美丽绸、羽纱、涤丝纺等。衬布用薄毛衬。

图 4-3　长背心款式

2.规格设计

表 4-2 所示为长背心基本款成品规格设计表。

表 4-2　长背心基本款成品规格　　　　　　　　　　（单位:cm）

号/型	部位名称	后中长	胸围	臀围
160/84A	部位代号	L	B	H
	净体尺寸	38	84	90
	加放尺寸	23	10	6
	成品尺寸	61	94	96

3.结构设计(见图 4-4)

(1)后衣片

①底边辅助线。在臀围线以下追加 5cm 作平行线。

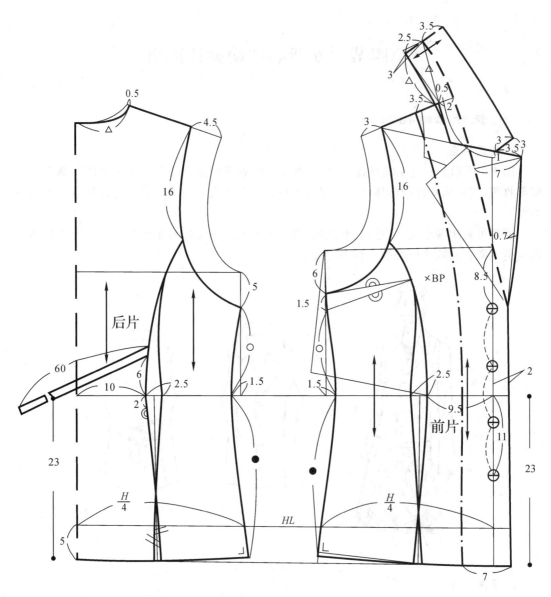

图 4-4　长背心结构设计

②侧缝辅助线。全身胸围即为原型的胸围，向下作垂线。

③后领口弧线。后侧颈点沿肩线开大 0.5cm，重新绘制后领弧线。

④后肩线。从原型的肩点处收进 4.5cm 绘出后肩线。

⑤后袖窿弧线。袖窿底点比原型低 5cm，参照原型中的后袖窿弧线，将新袖窿底点与新肩点连接圆顺。

⑥侧缝线。在腰线上收进 1.5cm，在臀围线上取 $H/4$，连接袖窿点绘出圆顺的侧缝线。

⑦后片公主线。在腰围线上取距后中线 10cm 处为靠近后中的公主线位置，再取 2.5cm，分别与袖窿上的点连接成圆顺的弧线。

⑧系带。腰节线上 6cm 处固定系带，腰节线以下 2cm 处钉布环，系带长 60cm。

（2）前衣片

①底边辅助线。同后片一样，在臀围线以下追加 5cm 作平行线。

②侧缝辅助线。从原型的袖窿底点向下作垂线。

③前开领。前侧颈点沿肩线开大 0.5cm，取搭门宽 2cm，驳点为原型的胸围线以下 8.5cm处。

④前肩线。从原型的肩点处收进 3cm 绘出前肩线。

⑤前袖窿弧线。在原型的袖窿底点基础上下降 6cm，参照原型中的前袖窿弧线，连接新肩点绘出圆顺的袖窿弧线。

⑥侧缝线。前腰侧收进 1.5cm，臀围线上取 $H/4$，绘出圆顺的侧缝线。根据前后衣片侧缝线等长的原则确定胸省量，再确定摆侧点，即底边的起翘程度。

⑦底边线。将底边辅助线画顺至摆侧点。

⑧前片公主线。在腰围线上取距前中线 9.5cm 处为靠近前中的公主线位置，再取 2.5cm，分别与袖窿上的点连接成圆顺的弧线。

⑨胸省。在侧缝上取胸省量，连接省尖，绘上拼接整形符号，表示该省进行转移。

⑩领子。从侧颈点出延长肩线 2cm，连接驳点为翻折线，驳头宽 7cm，后领座高 2.5cm，后领面宽 3.5cm，倒伏量取 3cm。绘出圆顺美观的领子造型。

⑪扣位。驳点处即为第一扣位，最后一颗扣位为腰线以下 11cm，将两者间距三等分，每一等分点即为扣位。

二、青果领双排扣女背心结构设计

1. 款式特点

图 4-5 所示为一收腰的较为贴身的短背心，领子采用青果领，双排扣，尖角底摆，后中断开，腰部收细，适合于搭配裙或裤外穿。

图 4-5 青果领双排扣女背心款式

面料可采用薄毛呢、华达呢、女式呢、法兰绒等毛织物。里料采用与面料同色调或稍浅色的美丽绸、羽纱、涤丝纺等。衬布用薄毛衬。

2. 规格设计

表 4-3 所示为青果领双排扣女背心成品规格设计表。

表 4-3　青果领双排扣女背心成品规格　　　　（单位：cm）

号/型	部位名称	后中长	胸围	臀围
	部位代号	L	B	H
160/84A	净体尺寸	38	84	90
	加放尺寸	11	9	5
	成品尺寸	49	93	95

3. 结构设计（见图 4-6）

（1）后衣片

①底边辅助线。在腰围线以下追加 11cm 作平行线。

②侧缝辅助线。在原型胸围的基础上加出后背劈去量 a，使后胸围尺寸没有发生变化，如图向下作垂线。

③后领口弧线。取原型的后领弧线。

④后肩线。取小肩长为 8.5cm 作出后肩线。

⑤后袖窿弧线。袖窿底点比原型低 1cm，参照原型中的后袖窿弧线，将新袖窿底点与新肩点连接圆顺。

⑥侧缝线。在腰线上收进 1.5cm，在臀围线上取 $H/4$，连接袖窿底点绘出圆顺的侧缝线。

⑦后腰省。取距后中线 10cm 为靠近后中的省道一侧，省大 2.5cm，腰线以上省道长 13cm。

（2）前衣片

①底边辅助线。同后片一样，在腰围线以下追加 11cm 作平行线。

②侧缝辅助线。在原型的胸围基础上减少 0.5cm 的放松量，向下作垂线。

③前肩线。从原型的侧颈点处沿肩线取 8cm 绘出前肩线。

④前袖窿弧线。在原型的袖窿底点基础上下降 2cm，参照原型中的前袖窿弧线，连接新肩点绘出圆顺的袖窿弧线。

⑤侧缝线。前腰侧收进 1.5cm，臀围线上取 $H/4$，绘出圆顺的侧缝线。取腋下省 1.5cm，根据前后衣片侧缝线等长的原则确定腰节点，再确定摆侧点，即底边的起翘程度。

⑥底边线。尖角底摆距前中线 2.5cm，竖直方向取底边辅助线向下 6.5cm，将底边绘制成略微上凹的圆顺弧线将底边辅助线画顺至摆侧点。

⑦前片腰省。取 BP 点向侧缝偏 2cm 后向下 1cm 作为省尖，向下作垂线即为省中线，取前腰省大 2.5cm。

⑧胸省。在侧缝上取胸省量 1.5cm，连接省尖，绘上拼接整形符号，表示该省进行转移。

⑨领子。从侧颈点处延长肩线 2cm，驳点为新的胸围线处，连接即为翻折线，后领座高

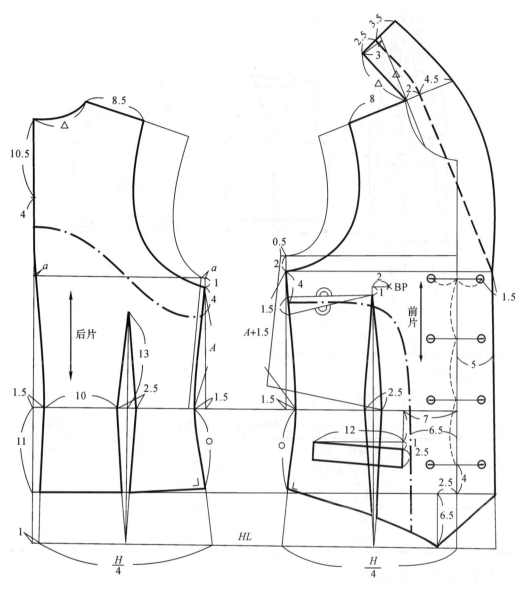

图 4-6　青果领双排扣女背心结构设计

2.5cm，后领面宽 3.5cm，倒伏量取 3cm。绘出圆顺美观的青果领造型。

⑩扣位。距止口线 1.5cm 为一列纽扣处，以前中心线为对称定出另一列的扣位。最后一颗扣位距底摆辅助线 4cm，与第一颗纽扣两者间的距离三等分即为扣位。

三、休闲牛仔背心结构设计

1. 款式特点

图 4-7 所示为一直筒形仿男式牛仔背心，V 型领口，前后片采用弧线形分割，金属扣，后背饰有金属扣环，底摆可利用侧面的小装饰带收紧，所有缝线压双线。整体风格自然粗犷，年轻女性穿着后显得帅气、富有活力。

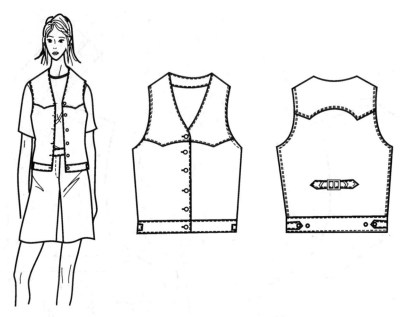

图 4-7 休闲牛仔背心款式

面料可采用卡其、水洗布、灯芯绒等棉织物。

2. 规格设计

表 4-4 所示为休闲牛仔女背心成品规格设计表。

表 4-4 休闲牛仔女背心成品规格   （单位:cm）

号/型	部位名称	后中长	胸围	臀围
	部位代号	L	B	H
160/84A	净体尺寸	38	84	90
	加放尺寸	14.5	14	4
	成品尺寸	52.5	98	94

3. 结构设计(见图 4-8)

(1)后衣片

①底边辅助线。因此款背心不设胸省,所以需要将原型中的胸省量进行分解,后片原型的腰线下降 1cm 为前片腰线的位置,再向下追加 15cm 作平行线。

②侧缝辅助线。在原型胸围的基础上加出 1cm,向下作垂线。

③后领口弧线。侧颈点处开大 1.5cm,后颈点下降 0.5cm,连接圆顺即为后领弧线。

④后肩线。取原型肩点缩进 2cm,抬高 0.5cm 作出后肩线。

⑤后袖窿弧线。袖窿底点比原型低 5.5cm,参照原型中的后袖窿弧线,将新袖窿底点与新肩点连接圆顺。

⑥侧缝线。取 5cm 为下摆克夫的宽度,取下摆处侧缝收进 1.5cm,直线连接腋底点即为侧缝线。

⑦后背分割线。在后中线上取后颈点向下 11cm 作水平辅助线,在该线上取 10cm 后下

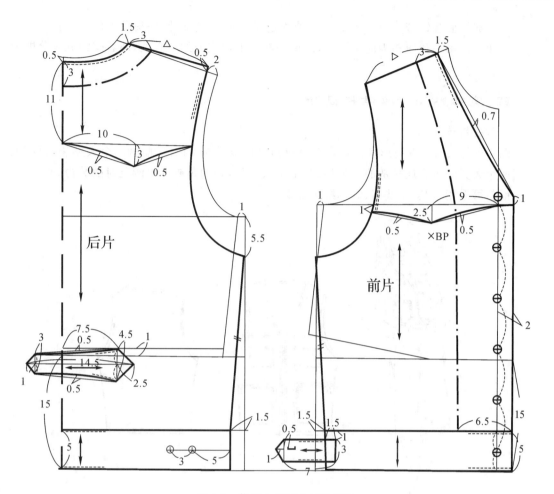

后片

前片

图 4-8　休闲牛仔背心结构设计

降 3cm 为弧线的尖点，左右两侧各向上凸起 0.5cm，分别绘出圆顺的弧线。

⑧后腰装饰带。在距后中 7.5cm 处固定装饰带，该装饰带一头大，一头小，都呈尖角形。

（2）前衣片

①底边辅助线。在腰围线以下追加 15cm 作平行线。

②侧缝辅助线。在原型的胸围基础上加放 1cm 的放松量，向下作垂线。

③前领口弧线。侧颈点处开大 1.5cm（同后片），搭门宽 2cm，原型的胸围线以上 1cm 为前开领深，直线连接后内凹 0.7 作出 V 型领圈。

④前肩线。从原型的侧颈点处开大 1.5cm（同后片），取后肩线长绘出前肩线。

⑤前袖窿弧线。按照前后侧缝等长的原则定出前片的袖窿底点，然后参照原型中的前袖窿弧线，连接新肩点绘出圆顺的袖窿弧线。

⑥侧缝线。取 5cm 为下摆克夫的宽度（同后片），取下摆处侧缝收进 1.5cm，直线连接腋底点即为侧缝线。

⑦前胸分割线。在原型的胸围线上取距前中线 9cm 后向下 2.5cm 为弧线的尖点，袖窿一侧取袖窿弧线与原型胸围线交点向下 1cm 处直线连接尖点，前中一侧取原型胸围与止口线的交点直线连接尖点，左右两侧直线各向上凸起 0.5cm，分别绘出圆顺的弧线。

⑧腰部侧面装饰带。距侧缝 1.5cm 处固定宽 3cm 的装饰带,一头呈尖角。

⑨扣位。第一颗纽扣为前领深处,最后一颗为下摆克夫的中心处,两者间距五等分即为扣位。

四、宽松贴袋背心结构设计

1. 款式特点

图 4-9 所示为一直筒形宽松式背心,V 型领口,金属露齿拉链,前胸两个大贴袋,再配上下面两个大大的带金属拉链的立体袋,非常引人注目,是钓鱼或外出游玩时的装扮。

面料可采用卡其、水洗布、灯芯绒等棉织物。

图 4-9　宽松贴袋背心款式

2. 规格设计

表 4-5 所示为宽松贴袋背心成品规格设计表。

表 4-5　宽松贴袋背心成品规格　　　　　　　　　　　　　　　　(单位:cm)

号/型	部位名称	后中长	胸围	臀围
	部位代号	L	B	H
160/84A	净体尺寸	38	84	90
	加放尺寸	16	24	10
	成品尺寸	54	108	100

3. 结构设计(见图 4-10)

(1)后衣片

①底边辅助线。因此款背心不设胸省,所以需要将原型中的胸省量进行分解,后片原型的腰线下降 1cm 为前片腰线的位置,再向下追加 16cm 作平行线。

②侧缝辅助线。在原型胸围的基础上加出 4cm,向下作垂线。

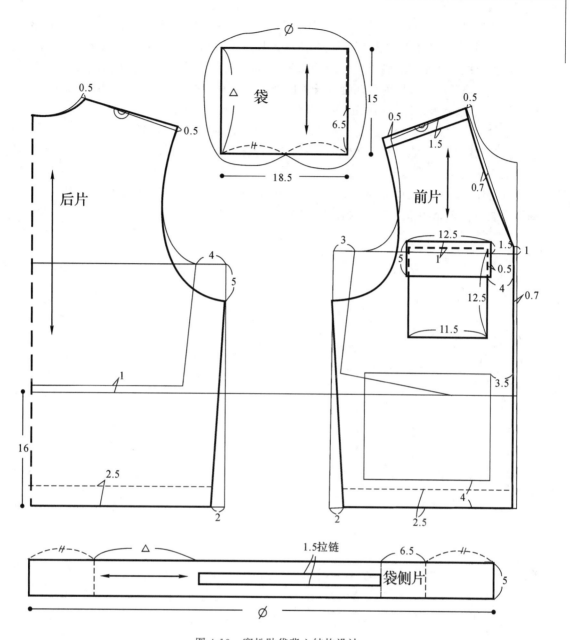

图 4-10 宽松贴袋背心结构设计

③后领口弧线。侧颈点处开大 0.5cm 与后颈点连接圆顺即为后领弧线。

④后肩线。取原型肩点抬高 0.5cm 作出后肩线。

⑤后袖窿弧线。袖窿底点比原型低 5cm，参照原型中的后袖窿弧线，将新袖窿底点与新肩点连接圆顺。

⑥侧缝线。取下摆处侧缝收进 2cm，直线连接腋底点即为侧缝线。

（2）前衣片

①底边辅助线。在腰围线以下追加 16cm 作平行线。

②侧缝辅助线。在原型的胸围基础上加放 3cm 的放松量，向下作垂线。

③前领口弧线。侧颈点处开大 0.5cm(同后片),前中线处留出 0.7cm 为拉链齿的宽度,原型的胸围线以上 1cm 为前开领深,直线连接后内凹 0.7cm 作出 V 型领圈。

④前肩线。从原型的侧颈点处开大 0.5cm(同后片),取后肩线长绘出前肩线。

⑤前袖窿弧线。按照前后侧缝等长的原则定出前片的袖窿底点,然后参照原型中的前袖窿弧线,连接新肩点绘出圆顺的袖窿弧线。

⑥侧缝线。取下摆处侧缝收进 1.5cm,直线连接腋底点即为侧缝线。

⑦前胸贴袋。贴袋尺寸为 12.5cm×11.5cm,袋盖长 12.5cm,宽 5cm,固定于原型胸围线以上 1.5cm 处。

⑧立体袋。立体袋尺寸为 18.5cm×15cm,固定于距底摆 4cm,距前中止口线 3.5cm。侧面用袋布宽 5cm,中间一部分装露齿拉链。

第五章 女夹克结构设计

第一节 概　述

夹克这一名称是从英文Jacket读音译过来的。在西方国家,一般把有前门襟、有袖子、衣长在臀围线上下的男女短上衣统称为夹克(Jacket)。而我国原来所说的夹克衫通常是指胸围放松量较大,在腰部和袖口有带状收口的式样,主要用于工作服和运动服。由于该种式样可使服装轻松随意,便于运动且安全实用,慢慢地被人们引入了日常服装之中,并成为一种休闲时尚的代表。这是因为当今人们生活、工作压力加大,着装方式越来越强调简单、随意,并且崇尚自然,而夹克衫的美观舒适越来越被男女老少所喜爱。

夹克衫造型与在正规场合穿着的套装截然不同,它要体现轻松、随意、舒适的风格,所以其款式造型与结构设计都有一定的特点。夹克衫款式造型一般较为宽松,所以胸围的放松量较大。但是,在当今服装流行合体、面料具有弹性的情况下,年轻人的夹克衫也可以做得非常合体。夹克衫整体结构较为平面,不太体现女性的人体曲线。为强调夹克衫的装饰变化效果,在大身及袖子部位经常采用分割线,并在分割线上缉上明线。夹克衫还会将口袋、拉链、子母扣、罗纹口、皮带等配件作为设计的重点,通过它们产生无穷的变化。

一、女夹克种类与功用

女夹克的款式变化丰富,穿着场合与组合方式也比较自由、随意。其分类方法有多种,主要有以下三种:

1. 按照女夹克的胸围放松量的大小分类

(1)宽松型。胸围放松量为30cm以上,结构平面、简洁。

(2)合体型。胸围放松量为10～20cm,结构上有一定立体感,分割线条较多,通常会采用公主线、省道等来达到合体的效果。

(3)普通型。胸围放松量为20～30cm,这是夹克衫中最常用的尺寸。

2. 按女夹克的用途分类

(1)工作服女夹克。工作服女夹克要根据不同工种的功用来进行设计,能起到保暖、护体、整形等作用。工作服女夹克一般有较多的口袋,面料以耐磨、吸湿、阻电的材料为主。

(2)时装类女夹克。以休闲时尚为主题,款式上变化幅度较大。

3. 按服装面料与制作工艺等分类

可分为毛皮夹克、呢绒夹克、丝绸夹克、棉布夹克、针织夹克、羽绒夹克、中式夹克、西式夹克等。

二、女夹克的面辅料知识

女夹克的穿着季节较长,场合较多,面料可根据用途、季节以及款式设计与流行来选择。可用面料种类繁多,从天然的棉、麻、丝、毛到化学纤维或合成纤维,可以运用于不同款式的夹克之中。

1. 女夹克的面料

在春秋冬季,大多选用华达呢、啥味呢、薄毛呢、驼丝锦、海力蒙、哔叽、法兰绒、天鹅绒、灯芯绒、牛仔布、皮革等来制作女夹克。夏装女夹克多选用麻、棉布、丝绸等作为面料。

2. 女夹克的辅料

(1)女夹克的里料

女夹克使用里料可方便穿脱、增厚保温、强化面料风格、掩饰面布里侧缝份。女夹克里料常选用棉型细纺、美丽绸、电力纺、涤丝纺、羽纱等。

(2)女夹克的衬料

女夹克材料的作用是使面料的造型能力增强,增厚面料,并且能改善面料的可缝性。女夹克衬料常选用黏合衬、布衬、毛衬等。

(3)其他辅料

女夹克还会常用到各类纽扣、拉链、扣襻等辅料。

第二节　女夹克基本款结构设计

女夹克的款式变化较多,本节选取了一个女夹克的基本款进行结构设计与分析。

一、款式特点

如图 5-1 所示为一款典型短夹克,宽松直身造型,线条简洁,结构趋于平面化,两个大贴袋,既具有实用性,又有较强的装饰性,底摆与袖口装罗口,起到收口作用,具有较强的功能性,体现了休闲、随意、洒脱的流行时尚。袖子为插肩袖,具有较好的活动舒适性。领子是一只帽子,既起到一定的装饰效果,又能在寒冷季节挡风遮寒。

面料适宜选用灯芯绒、斜纹布、绒布等纯棉织物或毛涤混纺、粘涤混纺等具有较好柔软度的织物制作。

二、规格设计

表 5-1 所示为女夹克基本款成品规格设计表。

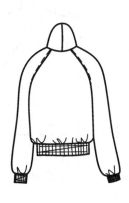

图 5-1 女夹克基本款式

表 5-1 女夹克基本款成品规格 （单位:cm）

号/型	部位名称	后中长	胸围	肩宽	袖长	袖口
	部位代号	L	B	SH	SL	SK
160/84A	净体尺寸	38	84	38		
	加放尺寸	17	24	2		
	成品尺寸	54.5	108	40	56	18

三、结构设计(见图 5-2)

1. 前后衣片

(1)确定衣长。夹克的长度较短,一般在臀围线以上位置,即在腰节线下 0～20cm 以内。该尺寸可根据款式的需要与穿着者的爱好灵活变化,基本款取腰节线下 17cm。

(2)确定胸围尺寸。夹克的胸围放松量范围较大,一般在 20～30cm,该款取 24cm。因在原型中已放入基本放松量 10cm,故还需增加 14cm。为体现人体活动的向前方向性,在前半身衣片侧缝中增加 3cm,后半身衣片侧缝中增加 4cm,使前半身衣片尺寸为 $B/4-0.5$(前后差),后半身衣片尺寸为 $B/4+0.5$(前后差)。

(3)画前后领口。因在领口装帽子,侧颈点可根据款式开大,其开大量通常为 1～3cm,该款取 1.5cm。为保持后直开领的量基本不变,后颈点开落 0.5cm,用圆顺的线条画出后领口弧线。前片侧颈点同样开大 1.5cm,前颈点开大 5cm,用圆顺的线条连接。

(4)画前后肩线。由于该款不放垫肩或放入一对薄垫肩,故肩端点不需要提高。肩宽的大小可根据款式特征而定,后肩宽取肩宽 1/2+0.5cm(归缩量),从后颈点向后肩线量出;前小肩宽=后小肩宽−0.5cm。

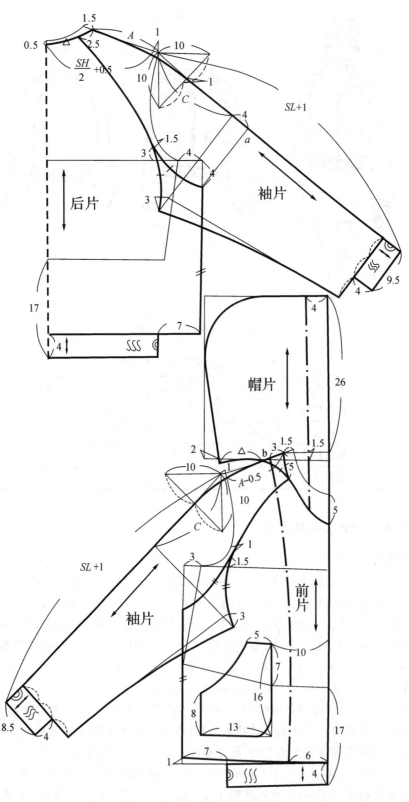

图 5-2　女夹克基本款结构设计

(5)画前后袖窿弧线。在后侧缝线上,距原型开落 4cm,用圆顺的弧线连接。夹克的袖窿开落量比较自由,一般可根据胸围的放松量而定。胸围的放松量越大,袖窿开落量也越大;反之,胸围的放松量越小,袖窿开落量也越小。前侧缝线上底摆处起翘 1cm,其余的前后侧缝长度之差在前袖窿处开落,使前后侧缝线长度相等。

(6)确定底摆。夹克的底摆可以与胸围相同或略加收小,收小量常见为 1~4cm。该款式直身,故底摆垂直而下。

(7)确定罗口。夹克的罗口可直接用针织罗口,也可在两层大身面料中间夹入松紧带,然后在其外用线迹固定。罗口宽度有宽有窄,常为 3~5cm。罗口的长度前后各收去 7cm,在衣片底摆中抽细褶。

(8)口袋。夹克口袋的形状、大小、位置可根据款式的需要进行变化。该款距前中线为 10cm,距腰节线上 7cm,口袋形状与大小变化比较自由。

2. 袖片

(1)画前后插肩弧线。后插肩弧线是从离开后侧颈点 2.5cm 处开始,沿离原型袖窿弧线 1.5cm 至袖窿底点,用圆顺的弧线连接。前插肩弧线是从离开前侧颈点 5cm 处开始,沿离原型袖窿弧线 1cm 至袖窿底点,用圆顺的弧线连接。

(2)画前后袖中线。插肩袖的袖中线的倾斜程度可根据款式的合体程度决定,详见本章第三节。该款取中等程度的斜度 45°,即前袖中线通过由水平线与垂直线 10cm 组成的三角形斜边的中点,而后袖中线通过由水平线与垂直线 10cm 组成的三角形斜边的中点抬高 1cm,这是考虑了人体后肩比前肩平的缘故。在前后袖中线上取袖长+1cm,这是因为袖子抽细褶收口,袖子要往上收缩,在袖口处泡出。为了在肩端点有一定的圆势且圆顺过渡,前后肩端点各水平加出 1cm 后作袖中线。

(3)确定袖子的袖山高。从后衣片袖窿底点向袖中线作垂线,得垂足 a 点,然后将 a 点抬高 4cm(该值可根据袖子的肥瘦确定,袖子肥大,其值增加;反之则相反),这样就得到了袖山高为 C。

(4)确定前后袖口尺寸。袖口取前后差 0.5cm,即后罗口尺寸为袖口 1/2+0.5cm,前罗口尺寸为袖口 1/2−0.5cm。衣片袖口尺寸放大罗口尺寸的三分之一作为袖口抽褶量。

(5)画前后袖子。从前后插肩弧线上如图分叉,画弧线与袖山底线相交,并使弧线的长度与插肩弧线的长度相等。

3. 帽子

从侧颈点向下 1.5cm 画水平线,然后从领口弧线向水平线画弧线与水平线相交,并使两弧线的长度相等,确定了帽子的侧颈点 b。从侧颈点 b 水平量取后领口弧线长度,再向外取 2cm,确定了帽子的宽度。帽子的长度取 26cm,对于短夹克的帽子长度不宜取得太大,以使帽子与衣身的长度协调。

第三节 女夹克结构设计原理及变化

女夹克的款式变化极其丰富多彩,除了所采用的配件上的变化外,最主要的变化体现在领子、袖子与衣身结构上。

一、女夹克常用领型结构设计原理及变化

女夹克可用的领子很多,立领、翻领、驳领等都可使用,这些领子的结构设计已在前面叙述过了,这里就不再重复。在本章节中我们讲解女夹克中常用的戴帽领结构。

1. 戴帽领分类

戴帽领是帽子与衣片共同组成领子,帽子既可作装饰,又可在寒冷的季节挡风。帽子的分类也有多种,但主要有以下两类 4 种。

(1)根据帽子与衣片领线的接合形式分类有两种。一种为帽子缝合于衣片领线上;另一种为帽子通过纽扣装合于领子,形成可以脱卸的帽子。

(2)根据帽子的片数分类主要有两片式与三片式两种。

2. 戴帽领结构设计

在进行帽子结构设计时,首先必须测量两个部位的尺寸,如图 5-3 所示的耳朵上方额头最宽处一周的尺寸 a 与头顶至侧颈点的外弧长度 b。

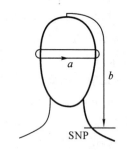

图 5-3 帽子尺寸测量方法

戴帽领结构设计时往往采用帽子与衣片连在一起作图的方法,如图 5-4 所示。首先在前后衣片领线处开落,图中的尺寸为常用的量,它还可以根据需要进行变化。领线开大是为了使帽子装合于衣片上,在领线处有一定的活动松量。如图从前侧颈点起纵向取 $b+$ (2~5)cm;横向取 $a/2-(0~5)$cm。然后从侧颈点向下 1~3cm 画一条水平线 c,该值跟人体头部的活动松份有关,其值增大,活动量就可增加。再由前领口弧线二分之一左右的位置向水平线 c 画弧线与水平线 c 相交,其长度与前领口弧线长度相等,然后在水平线 c 上取后领口弧线长度,再量取 2~3cm 作与水平线 c 垂直的线条,最后如图画帽子的后侧弧线。

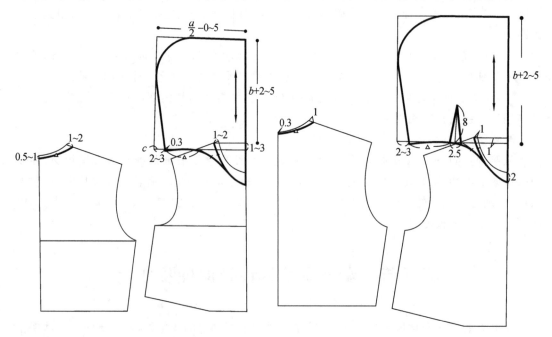

图 5-4 帽子与衣片一起作图   图 5-5 侧颈点加省道戴帽领结构

　　若衣片领口开得较小,则会出现帽子的宽度偏小的状态(其尺寸小于 $a/2-5cm$),这时可在帽子的侧颈点处加上一个省道或褶裥,如图5-5所示。

　　图5-6所示为可脱卸式帽子,结构设计方法同上,只是帽子是通过领子装合于衣片上。图5-6中的领子为衬衫领,在领子上钉纽扣,在帽子上锁纽眼。

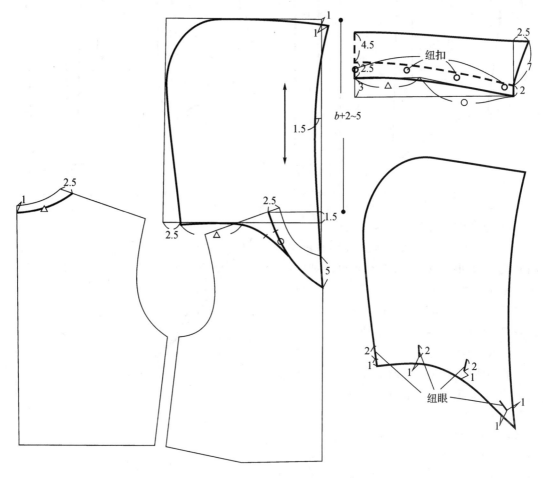

图 5-6　脱卸式帽子结构设计

　　帽子可以由两片式转变成三片式,在如图5-4的基础上,在帽子的后中处截取 $4\sim5cm$ 宽的长条弧线,然后量取该弧线的长度,如图5-7所示画三片式中心裁片。中心裁片的尺寸也可以根据款式需要进行变化,如取上下同尺寸,或取上宽下窄。若帽子中心裁片尺寸有变化,则帽子侧片也要变化,如图5-8所示。

二、女夹克常用袖型结构设计原理及变化

　　女夹克可用的袖子也很多,这里讲解女夹克中常用的插肩袖与落肩袖结构。

1. 插肩袖结构设计要素

　　插肩袖是将袖子的一部分插入衣片,故袖子与衣片会相互影响,相互制约,为此,在进行插肩袖的结构设计时必须注意以下几点:

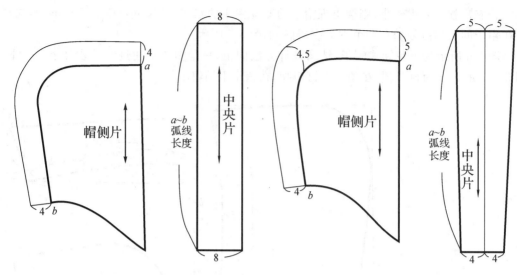

图 5-7　三片式帽子结构设计(上下同宽)　　　　图 5-8　三片式帽子结构设计(上下不同宽)

(1)袖子与衣片的接缝线

如图 5-9 所示,可以有各式各样的弧度和形状,位置也非常自由,但在领口,一般取领口弧线长的三分之一的位置为多。衣片袖窿开落及衣片胸围松份的大小可根据款式需要决定。款式越宽松,取值越大。

(2)袖中线的倾斜

袖中线的倾斜是指袖中线与上平线的夹角,此夹角取 45°为最基本的角度。此角度既考虑了美观,又考虑了人体手臂运动的机能性。根据这个原理,在画插肩袖的袖中线时,大多数采用 45°。若需要更多活动量,则小于 45°;而若需要袖子合体,袖下皱褶较

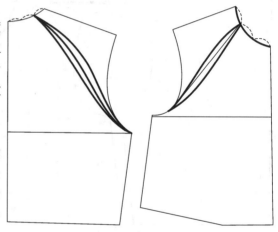

图 5-9　接缝线变化

少时,则大于 45°。考虑到后肩的厚度,后片的斜度在 45°角的基础上抬高 1cm。又因袖子肩头部需要一定的厚度与圆势,以符合手臂的形状,要将衣片肩线水平延长 0~3cm。垫肩越厚,其值越大,如图 5-10 所示。

(3)袖山高度

袖子原型的袖山高度约 13cm,对应袖中线的斜度为 45°。袖中线的斜度增加,袖子合体,袖山高度增加;袖中线的斜度减少,袖子宽松,袖山高度减少。

(4)肩省

图 5-11 中插肩袖的袖中线有两种结构设计,即实线 A 与虚线 B。若将前后肩线拼合就可发现,B 无肩省,A 有肩省。

(5)袖宽

如图 5-11 中 A 袖,首先根据袖山高取 a 点,然后过 a 点作袖中线的垂线,这条线就是袖

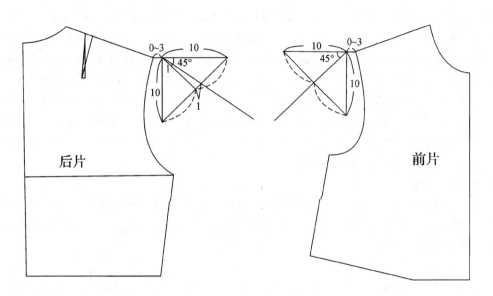

图 5-10 袖中线的倾斜

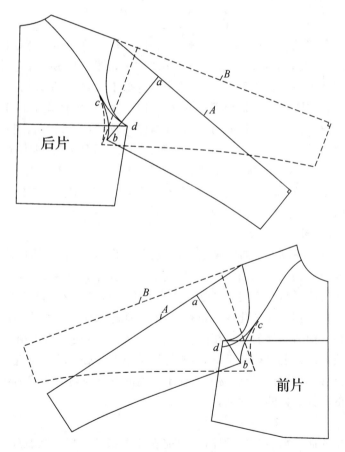

图 5-11 袖宽与袖山高关系

宽线。在袖宽线上找一点 b，该点是 cd 弧线反转得到的，故 bc 弧长等于 cd 弧长，$a\sim b$ 的距离便是袖宽。袖山高的大小由款式决定，袖山高越小，袖宽越大；反之，袖山高越大，袖宽越小。而前后基点 c 的高低是由服装款式、面料等情况决定。款式宽松，面料悬垂性好的，基点 c 可取得高一点，一般取在胸围线上 $2\sim5$cm；而款式合体，面料较硬挺的，则基点 c 以取得低一点为宜，一般取在离胸围线上 $0\sim2$cm 处。这是因为基点越高，袖子的宽度越大，在袖下放入的袖子活动量就越大，袖子的活动机能性就越好。但袖宽也不能过大，如果过大，也会因累赘而妨碍手臂的运动。另外，取基点 c 时还要注意，前片比后片低一点为宜，这是为了符合人体手臂向前运动的方向性。

（6）袖下缝线

袖子的袖下缝线可以取弧线，也可以取直线。由于弧线的长度较直线长，且弧线的回复性较好，因而袖下缝线为弧线的袖子的活动机能性相对于直线的要好。一般插肩袖的袖下缝线以采用弧线的为多。

（7）袖口线

袖口尺寸以后侧比前侧多一点为宜，以符合手臂向前运动的方向性。一般取后侧比前侧大 $1\sim2$cm。根据袖长，作与袖中线垂直的直线便可得到袖口线。

2. 插肩袖结构设计

（1）普通插肩袖

该袖为袖中线剖缝的两片袖。由于在袖中线处有肩省，故该袖肩部较合体，又因在袖下有重叠量，故该袖也有较好的活动舒适性。其作图方法如图 5-12 所示，先画后衣片肩线，由于在原型中后肩线比前肩线长 1.8cm，在该款中后背部不收省，而是以归缩的形式体现后背处的圆势，归缩量若可达 0.8cm，则余下 1cm 在后肩上去掉，故在确定斜度时，先沿原型肩端点进入 1cm。此值可根据面料性能而定，若面料弹性较好，较易归缩，则归缩量可以增加。然后从进入 1cm 处水平加出 1cm，以符合肩头部的圆势，再取 $45°$ 角为体现后肩的厚度，在 $45°$ 的基础上抬高 1cm。取袖山高 13cm 作袖山底线，根据衣片与袖子接缝线长度相等决定袖宽，然后取袖长、袖口宽，如图作图。完成后片制图后，再以相同的方法作前片。该袖也可以将前后中线对合连裁，这样就完成了在肩部打省的一片插肩袖。

（2）合体一片插肩袖

该袖造型如图 5-13 所示，无袖中缝线，但在肩部有肩省，符合人体肩部造型，一般较多用于套装之中。具体结构设计如图所示，首先确定前后衣片的分割线，其尺寸可根据需要变化，在剖缝线中可加入省道，以满足人体在后背及前胸的凸起。然后配置衣片原型与袖子原型。肩省的大小可以根据款式变化。省量越大，袖子就越合体。该袖为一般尺寸，符合手臂向前运动的方向性。前后衣片肩端点相距 $1.5\sim2.5$cm，这可使得肩省由大变小过渡圆顺。由于衣片原型中后肩线比前肩线长 1.5cm，故将袖子原型在后肩端点重叠 0.5cm，前肩端点离开 1cm，这样可保证前后肩线长度吻合。袖子原型的变化与前面所述的袖子变化相同，图中为具有方向性的较为合体的一片袖。

（3）宽松一片袖

该袖是最简单的插肩袖的结构设计，只用前衣片原型就可以完成袖子的所有制图。袖中线无缝，无肩省，故该袖一般用于宽松舒适的服装之中。由于宽松，故在衣片肩端点抬高 1.5cm，袖山高取得较小，为 7cm。根据衣片与袖子接缝线必须相等的原则决定袖宽，而在

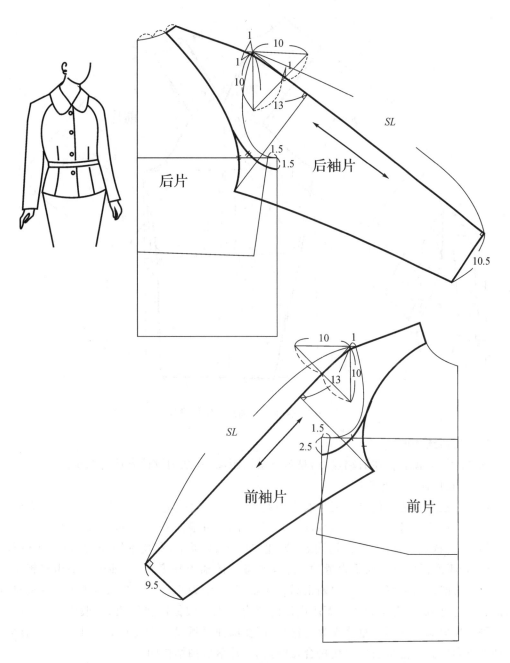

图 5-12　普通插肩袖结构设计

衣片与袖片接缝线中重叠 1cm，这是为了体现手臂运动的向前方向性。在袖中线长度上追加 1cm 的量，不仅使袖子在袖克夫接缝部位具有泡量，而且也使袖子在放下时具有较好的舒适性。如图 5-14 所示作前片，然后以前片为基础，在前袖窿弧线上追加 1cm 作后片，以满足手臂的向前方向性。

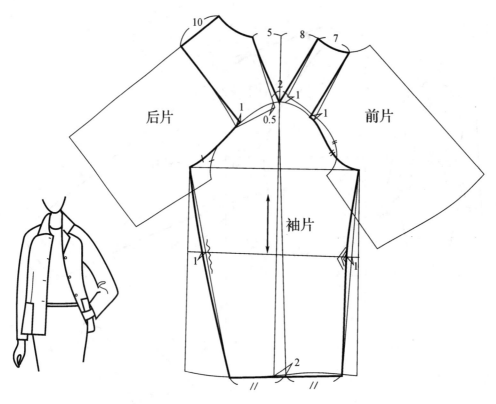

图 5-13　合体一片插肩袖结构设计

3. 落肩袖结构设计

该袖的装袖顶点不在肩端点,而是落下某段距离,其结构设计方法有两种。

(1)与衣片连在一起作图

这种方法直观地体现出袖子与衣片的关系。作图方法如下:首先确定衣片的袖窿弧线,为使在手臂处不绷紧,必须开落袖窿底点。开落的量可根据需要,一般取 2～10cm。开落越大,手臂处就越宽松,但抬手就越困难,为此如图 5-15 所示,利用袖下重叠量(图中剖线部分)补充抬手所需的量。而重叠量的大小又与袖子的袖山高度有关,袖子的袖山高越小,袖子的活动机能性就越好。如图中袖山高为 4cm,落肩量为 6cm。若要取得更大的活动量,则袖山高度还可减少,直至为零。而落肩袖的落肩量也可根据需要取值,一般取 4～8cm。注意在画后袖窿弧线时不要重叠衣片与袖片,而在前袖窿弧线上重叠 0.7cm,以符合手臂向前运动的方向性。若是将前后中线拼合,则得到一片落肩袖结构图。

(2)袖片与衣片分别作图

首先同上方法,开落衣片的袖窿弧线,然后分别量取前袖窿弧线长(前 AH)和后袖窿弧线长(后 AH),取袖山高为 4cm,然后如图分别用前 $AH-0.7cm$ 和后 $AH-0.5cm$ 决定前袖山斜线长与后袖山斜线长,这样便确定了袖宽。再用前袖山弧线略弯,后袖山弧线较为平缓的弧线圆顺连接,则完成了落肩袖的结构制图,如图 5-16 所示。

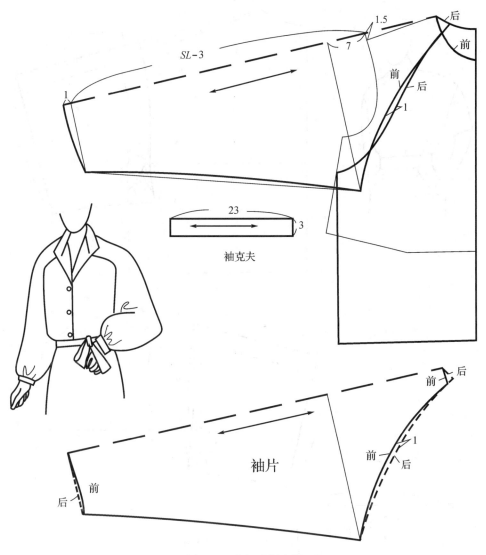

图 5-14 宽松片插肩袖

三、女夹克常用衣身结构设计原理及变化

(1)胸围放松量变化

女夹克的放松量可在原型的基础上增加根据服装的宽松度不同,其追加量可在0~30cm之间变化。

(2)服装廓型上变化

女夹克外观轮廓主要有 X 型、H 型。X 型夹克衫与套装基本一样,采用公主线或刀背缝分割;而 H 型基本上是无分割、无省道的直线造型。有时即使有分割,也只是纸样剪开,在分割线上缉明线作为装饰。

(3)门襟变化

夹克衫的门襟常装拉链。若用纽扣,主要有单排扣、双排扣、斜门襟、暗门襟等。

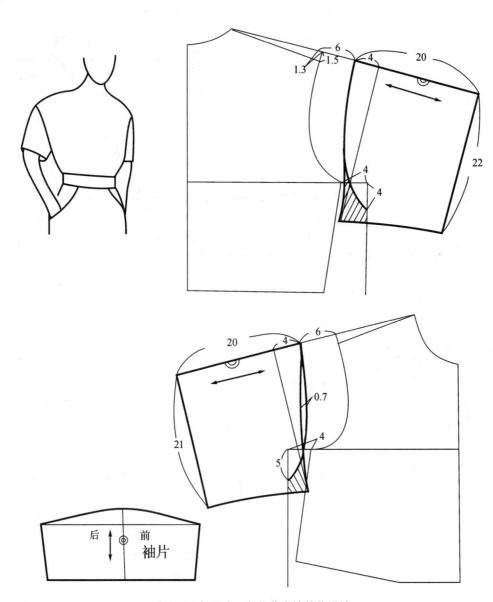

图 5-15　与衣片一起的落肩袖结构设计

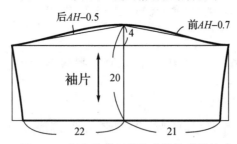

图 5-16　与衣片分开的落肩袖结构设计

（4）衣长变化

　　夹克衫的衣长一般较短，常在臀围线以上位置。根据不同款式，衣长可以从腰围线下 0～22cm 之间变化。

（5）口袋变化

女夹克最常用的口袋有明贴袋、插袋等，还常用袋中袋、拉链袋等。

第四节　女夹克结构设计运用

前面几节介绍了女夹克的基本型，以及在女夹克中经常应用的领子、袖子的结构设计方法。下面以具体的款式介绍其在实际中的运用。

一、翻领女夹克结构设计

1. 款式特点

如图 5-17 所示的翻领女夹克采用多条纵向分割线的形式，产生一定的收腰与装饰效果。前后衣片通过过肩相连，是夹克常用的造型。底摆上缉三道明线，显得简洁与时尚。领子为翻领，袖子直身两片袖，袖口处装拉链与门襟拉链呼应，款式协调而有变化。

面料以选用牛仔布、斜纹布等中厚型棉布为宜。

图 5-17　翻领女夹克款式

2. 规格设计

表 5-2 所示为翻领女夹克成品规格设计表。

表 5-2　翻领女夹克成品规格　　　　　　　　　（单位：cm）

号/型	部位名称	后中长	胸围	肩宽	袖长	袖口宽
160/84A	部位代号	L	B	SH	SL	SK
	净体尺寸	38	84	38	53	
	加放尺寸	16	24	2	3	
	成品尺寸	54	108	40	56	12

4.结构设计（见图5-18）

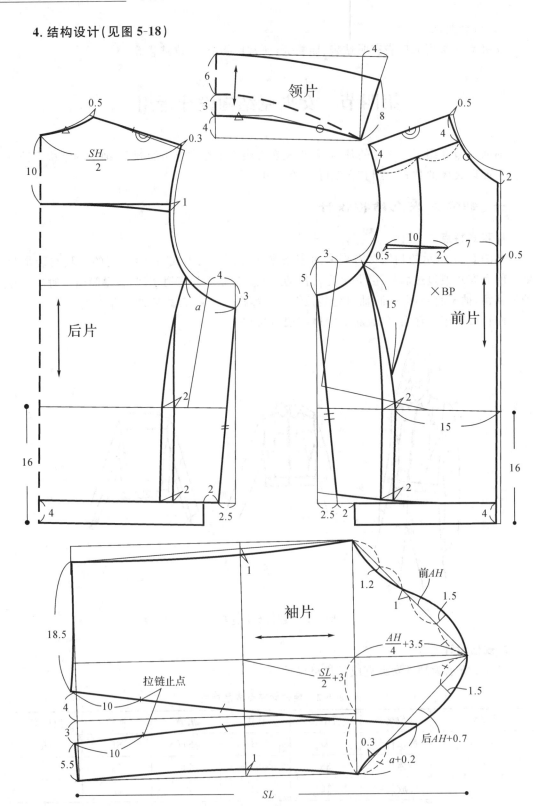

图 5-18 翻领女夹克结构设计

（1）衣片

使用衣片原型，衣身的长度考虑在人体臀围以上的位置，制图时延长后中心线至腰节以下 16cm。胸围放松量在原型的基础上再加放 14cm，即成品放松量为 24cm，为体现人体活动的向前方向性，在前半身衣片侧缝中增加 3cm，后半身衣片侧缝中增加 4cm，使前半身衣片尺寸为 $B/4-0.5$（前后差），后半身衣片尺寸为 $B/4+0.5$（前后差）。这个放松度是夹克常用的尺寸。款式的肩部较为合体，可以使用前后原型肩线，后肩没有肩胛省，根据肩宽的成品尺寸从后颈点向肩斜方向截取 $SH/2$ 作为后肩宽。前后肩缝取消，通过过肩连接，故后肩线不需要归缩量，只需使前后肩线长度相等，前后过肩纸样在肩线拼合裁剪。侧缝是根据腰节线的上下前后侧缝各自相等的原则来确定的，所以前片的袖隆比后片多下降 2cm，剩余的量通过前底摆起翘的方法去掉。前后公主线剖缝各收腰 2cm，因底摆也收口，其剖缝处收口尺寸与收腰大小一样。前中线处减少 0.5cm 是考虑前中线处装拉链，有一个拉链牙子的宽度（约 0.5cm）需减去。

（2）袖片

袖子为一片直身袖。袖山高在原型的基础上增加了 1cm，前袖山斜线长取前 AH，后袖山斜线长取后 $AH+0.7cm$，后片对应于后衣片公主线作剖缝，并在袖口处收小袖口尺寸，袖口处装拉链长 10cm。袖口大取 12cm，如图用圆顺的线条连接大袖片与小袖片。

（3）领片

领子为翻领，应先确定领腰高 3cm，因考虑到上领面较大，为 6cm，适当增大后中心上升量为 4cm，然后量取后领口弧线长与前领口弧线长，如图画领子。

二、可脱卸帽子立翻两用领女夹克结构设计

1. 款式特点

如图 5-19 所示的可脱卸帽子立翻两用领女夹克采用腰下分割线，并在分割线下设计插袋与装饰条，产生休闲的装饰效果。明门襟辑明线并用按扣及拉链，有较强的夹克装饰效果。领子为可脱卸帽子与立翻两用领相结合，时尚实用。袖子为落肩两片袖。

面料以选用斜纹布、牛仔布等中厚型棉布为宜，也可以用粗花呢、女式呢等全毛或毛涤混纺织物。

2. 规格设计

表 5-3 为可脱卸帽子立翻两用领女夹克成品规格设计表。

表 5-3　可脱卸帽子立翻两用领女夹克成品规格　　　　　　（单位：cm）

号/型	部位名称	后中长	胸围	肩宽	袖长	袖口宽
160/84A	部位代号	L	B	SH	SL	SK
	净体尺寸	38	84	38	53	
	加放尺寸	33.5	19	10	-1	
	成品尺寸	71.5	103	48	52	13.5

图 5-19 可脱卸帽子立翻两用领女夹克款式

3. 结构设计(见图 5-20)

(1)衣片

使用衣片原型,衣身的长度较长,在人体臀围以下的位置,制图时延长后中心线至腰节以下 35cm。胸围放松量在原型的基础上再加放 9cm(前侧缝 4cm,后侧缝 5cm),即成品放松量为 19cm,这个放松度是夹克常用的尺寸。款式的肩部落肩 5cm,有一定的松度,故在前后肩抬高 1cm。根据肩宽的成品尺寸从后颈点向肩斜方向截取 $SH/2+0.5cm$(归缩量)作为后肩宽尺寸。前肩线长度为后肩线长度 $-0.5cm$(归缩量)。后袖窿开落 3.5cm,前袖窿开落 5cm(其中 1.5cm 是为了分散前后差),侧缝是根据前后侧缝各自相等的原则来确定的,剩余的量通过前底摆起翘的方法去掉。如图 5-20 所示画出腰部以下分割线及口袋位置。

(2)袖片

袖子为两片落肩袖。袖山高取 13cm,由于袖窿辑明线,所以需要控制袖子的袖窿弧线长度与衣片长度基本相等,故前袖山斜线长取前 $AH-0.7$,后袖山斜线长取后 $AH-0.5cm$。后片作剖缝,并在袖口处按照袖口尺寸收小,袖口大取 13.5cm,如图用圆顺的线条连接大袖片与小袖片。

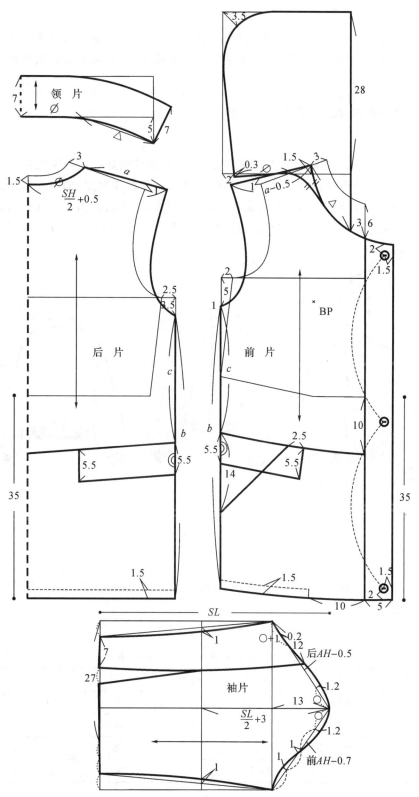

图 5-20 可脱卸帽子立翻两用领女夹克结构设计

（3）领片

领子为立翻两用领与帽子。立翻两用领取后中心上升量为5cm,领子高度为7cm,既可以做立领,又可以领子翻下做翻领。帽子从侧颈点下降1.5cm,量取前后领口弧线长,并如图画帽子。

三、立领落肩式女夹克结构设计

1. 款式特点

如图 5-21 所示的立领落肩式女夹克较宽松,底摆位置刚好落在臀围线上下,为椭圆形轮廓。前中门襟以拉链扣合,同时腰节处的门里襟以一颗纽扣固定,前身左右两只斜插袋,具有功能性与装饰性。底摆用装有松紧带的腰板,制作时,在两层面料中间夹入松紧带,一般松紧带的长度为面料长度的三分之二,然后在其表面用线迹固定松紧带。领子为立领,袖子为宽松的落肩袖。

图 5-21　立领落肩式女夹克款式

面料以选用灯芯绒、重磅丝绸等较柔软的中厚型天然织物或化纤织物、混纺织物为宜。

2. 规格设计

表 5-4 所示为立领落肩式女夹克成品规格设计表。

表 5-4　立领落肩式女夹克成品规格　　　　　　（单位:cm)

号/型	部位名称	后中长	胸围	肩宽	袖长	袖口宽
160/84A	部位代号	L	B	SH	SL	SK
	净体尺寸	38	84	38	53	
	加放尺寸	15.7	32	12	−2	
	成品尺寸	53.7	116	50	51	10

3. 结构设计（见图 5-22）

（1）衣片

使用衣片原型，衣身的长度在人体臀围上的位置，制图时延长后中心线至腰节以下 16cm。胸围放松量在原型的基础上再加放 22cm，即成品放松量为 32cm，为体现人体活动的向前方向性，在前半身衣片侧缝中增加 5cm，后半身衣片侧缝中增加 6cm，使前半身衣片尺寸为 $B/4-0.5$（前后差），后半身衣片尺寸为 $B/4+0.5$（前后差）。这个放松度是宽松型夹克常用的尺寸。因是落肩袖，在前后肩部要有一定的松度，所以各抬高了 1.5cm，然后根据肩宽的成品尺寸从后颈点向肩斜方向截取 $SH/2+0.5cm$（归缩量）作为后肩宽。前肩线长度为后肩线长度 $-0.5cm$（归缩量）。侧缝是根据腰节线的上下前后侧缝各自相等的原则来确定的，所以前片的袖窿比后片多下降 2cm，剩余的量通过前底摆起翘的方法去掉。底摆腰板尺寸与大身相同，装好松紧带后抽缩其中的约三分之一量，如图后片抽缩 10cm，前片抽缩 7cm。

（2）袖片

袖子为一片直身袖。袖山高取 13cm，前袖山斜线长取前 $AH-0.7cm$，后袖山斜线长取后 $AH-0.5cm$。袖口原周长为 30cm，抽缩 10cm，得到成品袖口宽为 10cm。

（3）领片

领子为立领，应先确定领高 5cm，量取后领口弧线长与前领口弧线长，在领头部起翘 1.5cm，如图画领子。

四、翻驳领短上衣结构设计

1. 款式特点

如图 5-23 所示的翻驳领短上衣较宽松，直身而下。衣长较短，前右片与后片有盖布设计，具有功能性与装饰性。领子为大的翻驳领，领腰较低。袖子为宽松的两片袖。

面料以选用牛仔、全棉或棉涤混纺织物为宜。

2. 规格设计

表 5-5 为翻驳领短上衣成品规格设计表。

表 5-5　翻驳领短上衣成品规格　　　　　　　　　　（单位：cm）

号/型	部位名称	后中长	胸围	肩宽	袖长	袖口宽
	部位代号	L	B	SH	SL	SK
160/84A	净体尺寸	38	84	38	53	
	加放尺寸	12.5	22	6	1	
	成品尺寸	50.5	106	44	54	11

3. 结构设计（见图 5-24 和图 5-25）

（1）衣片

使用衣片原型，衣身的长度在人体臀围上的位置，制图时延长后中心线至腰节以下 13cm。胸围放松量在原型的基础上再加放 12cm，即成品放松量为 22cm，为体现人体活动的向前方向性，在前半身衣片侧缝中增加 2.5cm，后半身衣片侧缝中增加 3.5cm，使前半身

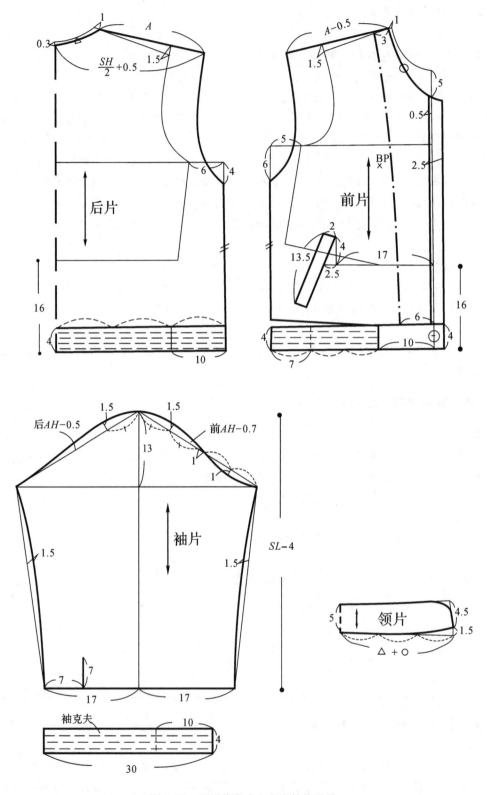

图 5-22 立领落肩式女夹克结构设计

图 5-23　翻驳领短上衣款式

衣片尺寸为 $B/4-0.5$（前后差），后半身衣片尺寸为 $B/4+0.5$（前后差）。这个放松度是夹克常用的尺寸。前片中心撇胸 0.5cm。因是落肩袖，在前后肩部要有一定的松度，所以各抬高了 0.5cm，然后根据肩宽的成品尺寸从后颈点向肩斜方向截取 $SH/2+0.5$cm（归缩量）作为后肩宽。前肩线长度为后肩线长度 -0.5cm（归缩量）。袖窿开落量为 3.5cm，前侧缝长度 $=$ 后侧缝长度 $+2.0$cm（省道量），剩余的量通过前底摆起翘的方法去掉。腋下省 2.0cm 通过省道转移至肩部中央。省尖右片打到离开 BP 点 3cm，左片转至剖缝线，如图 5-25 所示。肩部有肩袢，将前后肩袢纸样合并。

（2）袖片

袖子为两片袖。落肩 3cm，袖山高取 13cm，前袖山斜线长取前 $AH-0.7$cm，后袖山斜线长取后 $AH-0.5$cm，如图画袖山弧线。在袖口处取袖口大 22cm，剩余量三等分，袖下缝各收一分，剩下一分在剖缝线上，如图画弧线。袖克夫长度 5cm，宽度 22cm，加上 2cm 的叠门。

（3）领片

领子为平驳领，因后领领腰较小而领面较大，取倒伏量为 4.5cm，如图画领子。

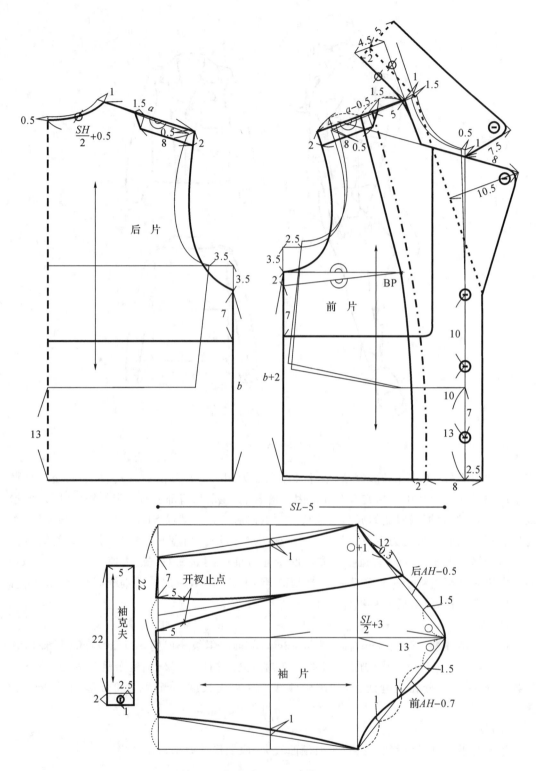

图 5-24　翻驳领短上衣结构设计（一）

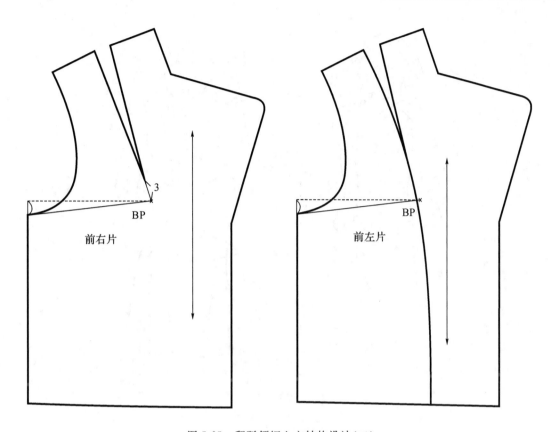

图 5-25 翻驳领短上衣结构设计(二)

五、立驳领拉链女夹克结构设计

1. 款式特点

如图 5-26 所示的立驳领拉链女夹克衣长较短。前中门襟装拉链开口,前后片有分割线,既用于收腰体现人体曲线,又因辑有明线,显得粗狂休闲。肩部过肩拼接。领子为立领,装于驳头处。袖子为片直身袖,袖山头有分割线与前后过肩线对应。

面料以选用牛仔布、斜纹布、灯芯绒等中厚型棉布为宜,也可以用粗花呢、女式呢等全毛或毛涤混纺织物。最好带有一点弹性。

2. 规格设计

表 5-6 为立驳领拉链女夹克成品规格设计表。

表 5-6　立驳领拉链女夹克成品规格　　　　　　　(单位:cm)

号/型	部位名称	后中长	胸围	腰围	臀围	肩宽	袖长	袖口宽
160/84A	部位代号	L	B	W	H	SH	SL	SK
	净体尺寸	38	84	66	90	38		
	加放尺寸	14.5	12	12	6	1		
	成品尺寸	52.5	96	78	96	39	56	12

图 5-26　立驳领拉链女夹克款式

3. 结构设计(见图 5-27)

(1)衣片

使用衣片原型,衣身的长度在人体臀围上的位置,制图时延长后中心线至腰节以下15cm,由于衣长较短,将腰节线抬高 1cm,可产生人体下身较长的视觉效果,长度比例更为美观。胸围放松量在原型的基础上再加放 2cm(平均放入前后侧缝中),即成品放松量为12cm,这个放松度是合体夹克常用的尺寸。前片中心撤胸 0.5cm。根据肩宽的成品尺寸从后颈点向肩斜方向截取 $SH/2$ 作为后肩宽,前后肩纸样拼接不剖缝。前肩线长度为后肩线长度。侧缝是根据腰节线上下前后侧缝各自相等的原则来确定的,所以前片的袖窿比后片多下降 0.5cm,前侧缝长度=后侧缝长度+1.5cm(省道量),剩余的量通过前底摆起翘的方法去掉,1.5cm 的省道量转移至分割线。后背中线不剖缝,取腰省量 3cm,后腰围=$W/4$+3cm(省道);前腰围=$W/4$+3cm(2 个省道),省道分别在前片分割线中收去。前后采用纵向剖缝,从中收省,起到收腰作用,如图 5-27 所示。

(2)袖片

袖子为两片直身袖。袖山高比原型抬高 2cm,前袖山斜线长取前 AH,后袖山斜线长取后 AH+1cm,得到袖肥,并延伸至袖口。在袖口线上取袖口总长 24cm,剩余量三等分,袖下缝各收一分,剩下一分在剖缝线上,如图画弧线。前后片过肩剖缝与袖子拼缝对应,并加上袖山头吃势。

(3)领片

领子为立领,确定领高 4cm。在前后衣片侧颈点开大 1cm,如图画好驳头,然后量取后

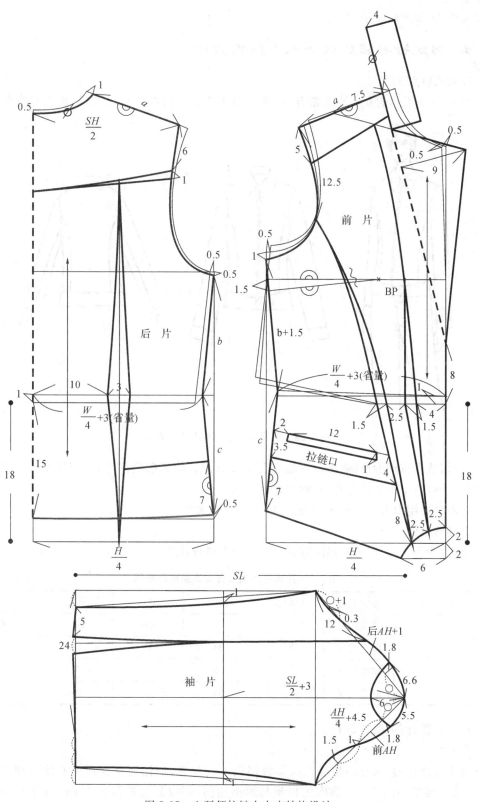

图 5-27　立驳领拉链女夹克结构设计

领口弧线长,如图画领子。

六、男式衬衫领拉链女夹克结构设计

1. 款式特点

如图 5-28 所示的女夹克非常合体,衣长较短。前中门襟装拉链开口,前衣片有公主线

图 5-28 男式衬衫领拉链女夹克款式

收腰,并用腋下省辅助凸胸;后衣片也有公主线分割。前底摆斜向分割,产生变化。领子为男式衬衫领,袖子为两片直身袖,袖口装有克夫。

面料以选用带有弹性的牛仔布、斜纹布等棉布为宜。

2. 规格设计

表 5-7 所示为男式衬衫领拉链女夹克成品规格设计表。

表 5-7　男式衬衫领拉链女夹克成品规格　　　　　　　　(单位:cm)

号/型	部位名称	后中长	胸围	肩宽	袖长	袖口宽
160/84A	部位代号	L	B	SH	SL	SK
	净体尺寸	38	84	38	53	
	加放尺寸	14	10	0	3	
	成品尺寸	52	94	38	56	11

3. 结构设计(见图 5-29)

(1)衣片

使用衣片原型,衣身的长度在人体臀围以上的位置,制图时延长后中心线至腰节以下14cm,并将腰节抬高 1cm。胸围放松量与原型相同,即成品放松量为 10cm,这个放松度是最合体的夹克采用的尺寸。款式的肩部较为合体的,可以使用前后原型肩线,后肩没有肩胛

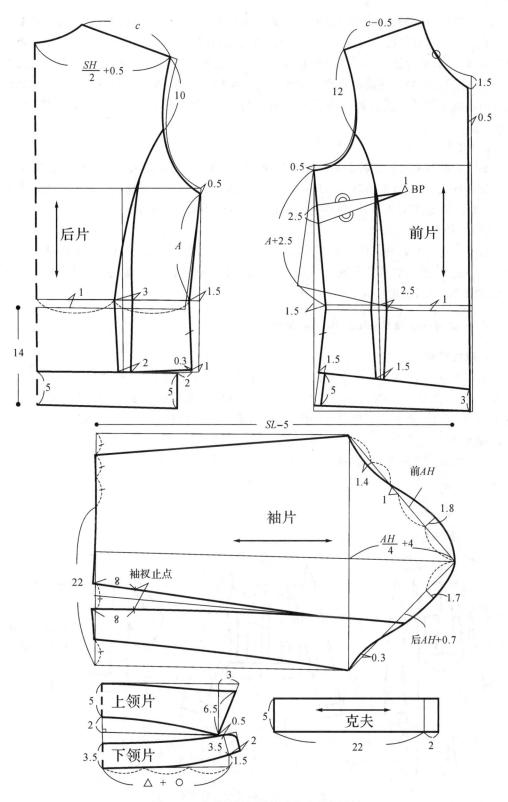

图 5-29　男式衬衫领拉链女夹克结构设计

省,根据肩宽的成品尺寸从后颈点向肩斜方向截取 $SH/2+0.5$cm(归缩量)作为后肩宽。前肩线长度为后肩线长度—0.5cm(归缩量)。侧缝是根据腰节线的上下前后侧缝各自相等的原则来确定的,前片腰节线上侧缝的长度为后片的长度+2.5cm(其中2.5cm在公主线以侧部位为省道折叠转移,在胸高点到公主线部位仍保留腋下省,省尖距胸高点1cm),剩余的量通过前底摆起翘的方法去掉。前后采用纵向公主线剖缝,从中收省,起到收腰作用,如图所示。

(2)袖片

袖子为两片直身袖。袖山高比原型的袖山高增加 1.5cm,即 $AH/4+4$cm,前袖山斜线长取前 AH,后袖山斜线长取后 $AH+0.7$cm,得到袖肥,并延伸至袖口。在袖口线上取袖口总长 22cm,剩余的量三等分,分别在袖下缝线及剖缝中收去,如图所示。

(3)领片

领子为男式衬衫领。应先画下领,再画上领。下领为立领,取领高 3.5cm,量取前后领口弧线的长度,然后领头部起翘 1.5cm,用圆顺的弧线连接;上领为翻领,取后中心上升量为2cm,领面宽 5cm,领尖长 6.5cm,如图画领。

七、立领贴袋女夹克结构设计

1. 款式特点

如图 5-30 所示的女夹克较为合体,衣长较短,而底摆较宽,胸前的两只大贴袋与底摆造型相呼应。前中门襟另装,呈对襟状。前衣片有纵向与横向分割线,可起到部分收腰与凸胸的作用;后衣片也有纵向与横向分割线,起到符合肩部及收腰作用。领子为立领,袖子为两片直身袖,袖口装有贴边。

面料以选用带有弹性的牛仔布、斜纹布等棉布为宜。

图 5-30　立领贴袋女夹克款式

2. 规格设计

表 5-8 所示为立领贴袋女夹克成品规格设计表。

表 5-8 立领贴袋女夹克成品规格 　　　　　　　　　（单位:cm）

号/型	部位名称	后中长	胸围	肩宽	袖长	袖口宽
	部位代号	L	B	SH	SL	SK
160/84A	净体尺寸	38	84	38	53	
	加放尺寸	14.7	16	0	3	
	成品尺寸	52.7	100	38	56	12

3. 结构设计（见图 5-31）

（1）衣片

使用衣片原型,衣身的长度在人体臀围以上的位置,制图时延长后中心线至腰节以下 15cm,并将腰节抬高 1cm。在原型的基础上再加放 6cm（平均放入前后侧缝中）,即成品放松量为 16cm,这个放松度是合体夹克常用的尺寸。款式的肩部有一定的松度,根据目前的流行,可将后肩抬高 0.8cm,前肩抬高 0.5cm。后肩比前肩抬高量大是考虑后肩没有肩胛省或肩胛省转移,而是直接去掉了肩省量。然后根据肩宽的成品尺寸从后颈点向肩斜方向截取 $SH/2+0.5cm$（归缩量）作为后肩宽。前肩线长度为后肩线长度$-0.5cm$（归缩量）。侧缝是根据腰节线的上下前后侧缝各自相等的原则来确定的,所以前片的袖窿比后片多下降 2cm,剩余的量通过前底摆起翘的方法去掉。在衣片前后横向分割线上各收掉一个省量,使衣片符合前胸与后背的弧度。前后纵向分割线在腰节处收省,起到收腰的作用。

（2）袖片

袖子为两片直身袖。袖山高比原型的袖山高增加 1cm,即 $AH/4+3.5cm$,前袖山斜线长取前 AH,后袖山斜线长取后 $AH+0.7cm$,得到袖肥,并延伸至袖口。在袖口线上取袖口总长 24cm,剩余的量三等分,分别在袖下缝线及剖缝中收去,后背横向剖缝与袖子两片剖缝对位,如图量取后衣片剖缝至衣片侧缝的长度 a,然后从袖子后侧袖山底点量取 $a+0.2cm$（吃势）,决定袖子剖缝位置,如图所示。

（3）领片

领子为立领,应先确定领高 5cm,量取后领口弧线长与前领口弧线长,在领头部起翘 1cm,如图画领子。

八、翻领牛仔女夹克结构设计

1. 款式特点

如图 5-32 所示的女夹克款式为牛仔夹克的典型造型,较为合体,衣长较短,胸前有两只袋盖,内有袋口与袋子,既美观又实用。前衣片有纵向与横向分割线,可起到部分收腰与凸胸的作用;后衣片也有纵向与横向分割线,起到符合肩部及收腰作用。底摆上装有调节襻,可用来调节底摆尺寸。领子为翻领,袖子为一片直身袖,袖子袖口以上部位分割,袖口部分呈上小下大状,袖子后中线部位有开口,并有重叠量,在开口处装有四颗纽扣。

面料以选用带有弹性的牛仔布为宜。

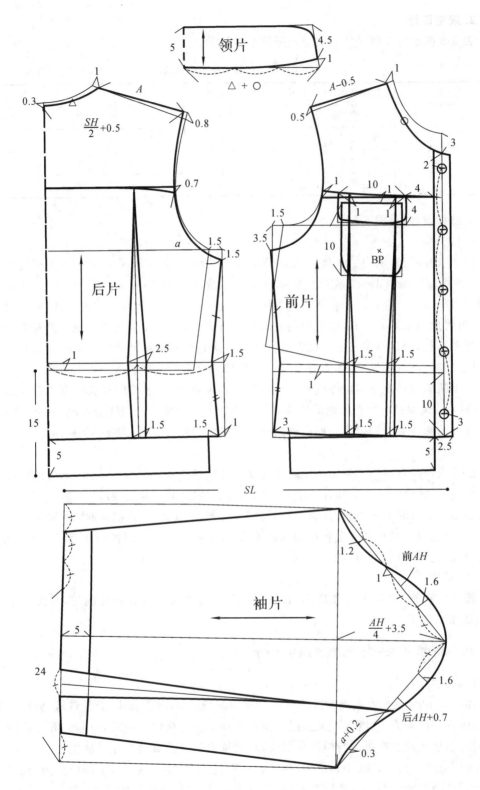

图 5-31 立领贴袋女夹克结构设计

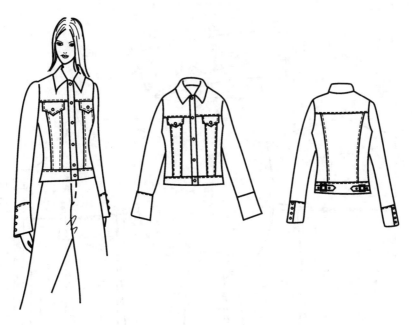

图 5-32　翻领牛仔女夹克款式

2. 规格设计

表 5-9 所示为立领贴袋女夹克成品规格设计表。

表 5-9　立领贴袋女夹克成品规格　　　　　　　　　　（单位:cm）

号/型	部位名称	后中长	胸围	肩宽	袖长	袖口宽
160/84A	部位代号	L	B	SH	SL	SK
	净体尺寸	38	84	38	53	
	加放尺寸	13	18	1	3	
	成品尺寸	50.7	102	39	56	13.5

3. 结构设计（见图 5-33）

（1）衣片

使用衣片原型,衣身的长度在人体臀围以上的位置,制图时延长后中心线至腰节以下 13cm,并将腰节抬高 1cm。在原型的基础上再加放 8cm(平均放入前后侧缝中),即成品放松量为 18cm,这个放松度是合体夹克常用的尺寸。款式的肩部有一定的松度,根据目前的流行,可将后肩抬高 0.8cm,前肩抬高 0.5cm。后肩比前肩抬高量大是考虑后肩没有肩胛省或肩胛省转移,而是直接去掉了肩省量。然后根据肩宽的成品尺寸从后颈点向肩斜方向截取 $SH/2+0.5cm$(归缩量)作为后肩宽。前肩线长度为后肩线长度 $-0.5cm$(归缩量)。侧缝是根据腰节线的上下前后侧缝各自相等的原则来确定的,所以前片的袖窿比后片多下降 2cm,剩余的量通过前底摆起翘的方法去掉。在衣片前后横向分割线上各收掉一个省量,使衣片符合前胸与后背的弧度。前后纵向分割线在腰节处收省,起到收腰的作用。

（2）袖片

袖子为一片直身袖。袖山高比原型的袖山高增加 1.5cm,即 $AH/4+4cm$,前袖山斜线

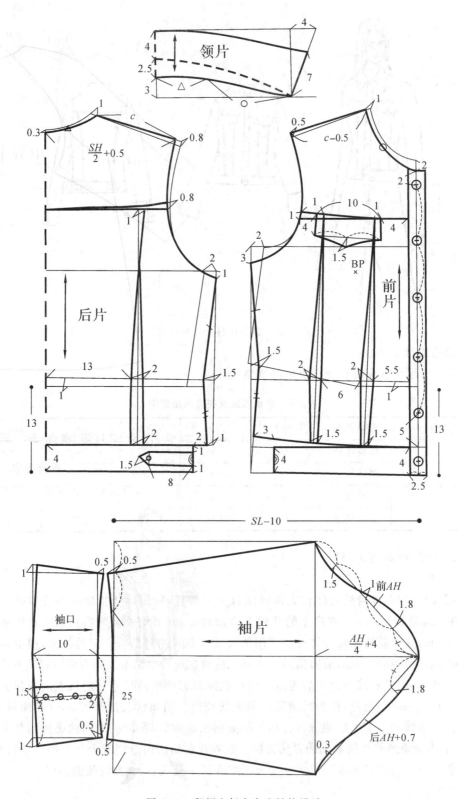

图 5-33　翻领牛仔女夹克结构设计

长取前 AH，后袖山斜线长取后 $AH+0.7\text{cm}$，得到袖肥，并延伸至袖口分割线处。在袖口线上取袖口总长 25cm，剩余的量二等分，分别在袖下缝线中收去。分割下来的袖口呈上小下大的造型，为使侧缝与袖口成直角，使之起翘，如图所示，在后侧开口，并有重叠量 1.5cm。

（3）领片

领子为翻领，应先确定领腰高 2.5cm，则后中心上升量为 3cm，然后量取后领口弧线长与前领口弧线长，如图画领子。

第六章　女外套结构设计

第一节　概　述

女外套是在最外层穿着的衣服的总称。其款式设计丰富多样,有造型、结构的变化,也有面料等的差异。外套就其性质而言,更强调实用性,起着防寒、防尘、防风雨的作用。

一、女外套的种类与功用

女外套的分类方法有多种,但主要有以下两种:

1. 按外套的长度划分

按外套的长度划分,可分为短外套、中长外套、长外套等。

短外套的长度在膝关节以上,常作为春秋季外套。中长外套的长度在膝关节稍下。长外套的长度在髋骨和踝关节之间,主要有冬季大衣和风雨衣。

2. 按外套的廓形划分

按外套的廓形划分,可分为收腰型、箱型、A 型等。

收腰型外套又称为 X 型外套,是典型的传统风格的外套,结构比较严谨,采寸比套装要更加放松些(有时和套装放松量趋同),同时还需要根据选用面料的质地、厚薄来确定放松量。质地松而较厚的织物放松量要适当增大。收腰型外套由于采用合体结构分片,使用省的机会较多,趋向套装结构。

箱型外套又称 H 型外套,结构较宽松,放松量较大。由于宽松,整体结构较完整,结构线多采用无省直线造型,而且局部设计灵活,较少受礼仪和程式习惯的影响,但更强调实用功能的设计。

A 型外套是指外套从上到下渐渐张开的廓形。它的结构宽松,结构线少,表现出现代休闲的服装风格。由于它下摆宽松,上小下大,也称为帐篷形轮廓。

二、女外套的面辅料知识

1. 女外套面料选择

女外套包括春秋外套、冬季大衣和风雨衣。它以适应户外防风御寒为主要功能,且在人们的服饰生活中为单季服装,不属于经常性消费产品,因而通常采用较高价值的材料与加工手段,对面料的外观与性能要求甚高。

春秋外套要求厚实、柔软,富有弹性,代表性面料有法兰绒、钢花呢、海力斯、花式大衣呢等传统的粗纺花呢,也有诸如灯芯绒、麂皮绒等表面起毛,有一定温暖感的面料。此外,还大量使用化纤、棉、麻或其他混纺织物,使服装易洗涤保管或具防皱保形的功能。适于制作春秋外套的面料的克重通常为 $300\sim380g/m^2$。

冬季大衣要求丰厚柔软,富有弹性,色泽好,成衣后穿着轻暖贴身,平挺丰满。所以,面料通常以羊毛、羊绒等蓬松、柔软且保暖性较强的天然纤维为原料。根据用途,适当加入一定比例的腈纶、涤纶、粘胶等化学纤维短纤或棉纤维,再经缩绒或拉毛整理,织物应有一定的厚度和紧度。若使用结构较为疏松的面料,则通常采用较为紧密的里料作改善。代表性的冬季大衣一般采用诸如各类大衣呢、麦尔登、双面呢等厚重类面料和诸如羊羔皮、长毛绒等表面起毛、手感温暖的蓬松类面料,作为时装性很强的高档面料裘皮和革,也是必不可少的。适用于作冬季大衣的面料的克重一般为 $480\sim600g/m^2$,特殊的高达 $750g/m^2$ 或以上。

风衣一般适宜于早春天气和秋凉季节穿着,既防风又防寒,也是带有装饰性的穿着。风衣要求衣料手感厚实柔软,富有弹性,抗皱性好,富有毛型感,挺括、新颖、美观,一般以选用厚型衣料为宜。风雨衣面料通常采用羊毛、化学纤维、短纤及混纺织物,或经防水整理,代表性的面料有卡其、华达呢或经涂层、防水整理的斜纹布等紧密、质实类织物。适用于制作风雨衣的面料的克重一般为 $250\sim300g/m^2$。

2. 女外套辅料的选择

女外套辅料主要包括服装里料、服装衬料、服装垫料等。选配时必须注意各种服装面料的缩水率、色泽、厚薄、牢度、耐热、价格等和辅料相配合,即缩水率相近、色泽相配、厚薄相宜、牢度相近、价格相当、耐热性相称。

女外套里料的选择:春秋外套和冬季大衣一般选择醋酯、粘胶类交织里料,如闪色里子绸等。风雨衣一般选择涤纶、锦纶长丝里料,如涤丝纺、尼丝纺等。

女外套衬料的选择:由于女外套面料较厚重,所以,相应采用厚衬料。如果是起绒面料或经防油、防水整理的面料,由于对热和压力敏感,应采用非热熔衬。

女外套垫料的选择:垫料主要是垫肩。一般的装袖女外套采用针刺垫肩。普通针刺垫肩价格适中,广泛应用,而纯棉针刺绗缝垫肩属较高档次的肩垫。插肩女外套和风衣主要采用定型肩垫。此类肩垫富有弹性并易于造型,具有较好的耐洗性能。

第二节　女外套基本款结构设计

本节以一款最常见、普通的女外套款式为例来阐述女外套的基本结构,这是以后进行女外套结构变化的基础。

1. 款式特点

女外套的面料一般较厚重,所以款式上宜选择结构线少,强调外观平整的造型。图 6-1 所示的是采用女外套中的经典款式之一——加袖裆的连身袖结构作为女外套基本款式。该款宽松舒适,略带 A 字造型,翻领,前身装有两只大贴袋,显得休闲洒脱。该款式不受流行的影响,一直深受欢迎。

图 6-1 女外套基本款款式

2. 规格设计

表 6-1 为女外套基本款成品规格设计表。

表 6-1　女外套基本款成品规格　　　　　　　　　　　（单位：cm）

号/型	部位名称	后中长	胸围	肩宽	袖长	袖口宽
	部位代号	L	B	SH	SL	SK
160/84A	净体尺寸	38	84	38	53	
	加放尺寸	65	24	4	3	
	成品尺寸	103	108	42	56	15

3. 结构设计

（1）衣身（见图 6-2）

①确定松量。结构制图采用在原型上追加放松量 14cm，原型的胸围尺寸是净尺寸 84cm 加上 10cm 松量，所以女外套的成品胸围是 108cm。半身制图放松量追加 7cm，因为放松量较大，同时外套的面料较厚，所以前后中也要追加。从功能上分析，人体活动的常态往往是向前运动大于向后运动，这就要求在增加放量时，后身比前身要充分，使后身保持足够的活动量，前身则趋于平整。从造型上看，一般都希望前、后身相对平服，为此，前中缝、后中缝、前侧缝和后侧缝这四个有效追加量的部位就不能平等对待。根据实用和造型的原则，其追加放量从大到小的配比依次为后侧缝、前侧缝、后中缝和前中缝，其中前后中缝最小且接近或相等。所以女外套前中追加 0.5cm，后中追加 0.5cm，后侧缝增加 3.5cm，前侧缝增加 2.5cm。

②乳凸量。因为女外套是无省结构，在追加放量之前要对前片乳凸量进行处理，将前片基本纸样腰线处的乳凸量的二分之一与后片腰线对位。

③前后衣片。女外套的长度在膝盖稍下，所以衣长在腰线下追加 65cm。前后侧颈点各开大 0.5cm。为了使长度放量和围度放量取得平衡，要把袖窿开深、肩升高。同时考虑垫肩

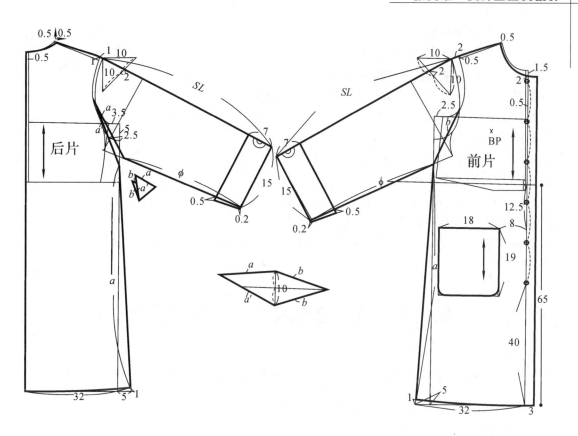

图 6-2　女外套基本款结构设计

和面料厚度,首先后侧颈点抬高 0.5cm,后肩点抬高 1cm 并延长 1cm,前肩点抬高 0.5cm 并延长 2cm,使前后肩线的差量得到补偿。袖窿开深量可以采用侧缝放量减去二分之一的肩升高量,所以后片腋下点下降 5cm。在前侧缝上截取同样的侧缝长度,并重新修正前后袖窿弧线。搭门取 3cm,侧缝下摆略往外张。

(2)袖子(见图 6-2)

因为袖子是采用连身袖的袖裆结构,较为宽松,袖贴体度应小于中性连身袖。首先从前后肩点引出边长为 10cm 的等腰直角三角形,再从斜边的中点向上 2cm 与肩点相连,此线为袖中线。在袖中线上量取袖长,后腋下点顺袖窿向上 2.5cm 找到一个点并作袖中线的垂线以确定袖山高,前后袖山高保持一致。再从中获得袖裆必要的设计参数。袖裆设计的步骤如下:

①先要复核连身袖的前后内缝线、前后侧缝线,方法是以各自短的尺寸为准截取其他尺寸并确定下来。

②袖裆插入的位置在袖内缝线和侧缝线交点到前后腋点之间,并以此作为袖裆各边线设计的依据。

③袖裆活动量取 10cm。

④袖口加贴边,宽度为 7cm,围度上下各放出 0.5cm 与 0.2cm 的翻折容量(根据面料厚薄可作调整)。

（3）领子基本样板

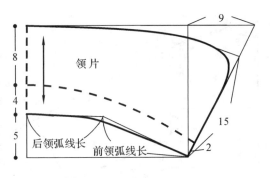

图 6-3　领子基本款结构设计

女外套常用的领型是连翻领结构。如图 6-3所示，这是利用立领底线向下弯曲的结构处理，使立领上口大于领底线产生翻领所形成的领座和领面连成一体的结构。由于女外套的面料厚而且领面宽度大，为使连翻领的造型宽松自如，需要加大领底线下弯度。设计纸样时，首先取后中心上升量 5cm，从领中心水平画出后领口长后，再斜向截取前领口长。后领总宽为领座 4cm 加上领面 8cm。领座宽从后中点 4cm 到前中点慢慢减少到 2cm，用翻折线表示。最后修顺领底弧线，根据款式图画出领角。

第三节　女外套结构设计原理及变化

一、女外套常用领型结构设计原理及变化

女外套常用的领型有连翻领、翻驳领、立领。

1. 连翻领

连翻领是由于领外围线长度大于领内围线，因而领子自然翻折形成领座和领面的领型。如图 6-3 所示。

连翻领的控制因素是后中心上升量，即领底线向下弯曲程度，后中心上升量越大，领面容量越大。由于外套面料厚重，翻折困难，所以后中心上升量要偏大，但要注意后中心上升量最大不超过领面后宽尺寸。

应用领底线弯曲位置的不同，可以设计出局部造型的特殊效果，如图 6-4 所示。领底线在二分之一处下弯，对应的肩部领面容量明显；在三分之一处下弯，领面的容量就靠近前胸；如果领底线下弯是均匀的，那么领面容量的分配也是均匀的。

此外，连翻领的领角形式可以根据流行款式及个人爱好自由设计。

2. 翻驳领

翻驳领是女套装中最常用的领型，而女外套在比较合体的情况下趋向于套装结构，所以，翻驳领也是女外套的常用领型。

女外套中的翻驳领基本设计原理没有改变，但是由于外套结构的特殊性，翻驳领的结构设计也要适当变化，主要体现在倒伏量的设计。

外套的主要功能是保暖，所以翻驳领前门襟开度明显上升。由于前门襟明显提高了，造成驳口线与后领圈的弧度增大，领面用量增多，按照领底线曲度原理，应使肩领底线倒伏增加来适应这一造型需要。通常情况下开襟升高一个扣位（以 10cm 计算），需要增加 1cm 倒伏量。

外套长度一般都比西装长，为了比例协调，一般外套的领面要加宽，但这并不意味着领

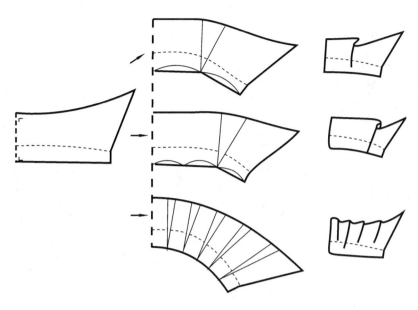

图 6-4 连翻领结构设计

座亦同时加宽,也就是说,领面增加的部分应向肩部外围延伸,而不是增加领高。这就要求通过领底线倒伏量的增大来增加领面的比例和容量。

一般翻驳领倒伏量的平均值是 3cm,这是根据肩领子领座和领面差为 1cm,驳头开深至腰部,以及翻驳领设有领嘴的基本结构相匹配的结果。如果外套领面 5.5cm,领座 2.5cm,领开襟上升两个扣位,倒伏量应考虑两个因素增值。一般领面和领座之差每追加 1cm 宽度,倒伏量需要增加 1cm,开襟每上升一个扣位也要增加 1cm,所以,该倒伏量应是 7cm(3+2+2=7),如图 6-5 所示,但也要考虑面料的厚薄与柔软度等作调整。

与女西装一样,外套翻驳领领嘴的角度、大小、肩领和翻驳领的比例都可以变化,这不过是形式和互补关系的选择,对结构的合理性不产生直接影响。对整个领型结构产生影响的关键问题就是领子倒伏量的设计。外套的面料材质对倒伏量也有制约。通常天然织物或粗纺织物的伸缩性较大,领底线倒伏量要小;人造或精纺织物的弹性相对要小些,领底线倒伏量就要适当增加,调整量作 0.5cm 的微调。无领嘴翻驳领结构对倒伏量也有制约。领嘴的张角,实际起着翻领和衣身容量的调节作用,而没有领嘴的翻领,其调节容量的作用就不存在了,因此,这种翻领的底线倒伏量要适当增加,调整量也作 0.5cm 的微调,同青果领的倒伏量设计。

3. 立领

立领也是女外套中常用的领型。如图 6-6 所示。立领的控制因素是起翘量,即领底线上翘度,同时,还要综合考虑领口开度和领高,以保证立领上口不影响颈部活动。当设计高立领时,领底线翘度不宜过大,当立领宽度超过颈高,要通过开大领口,使立领上口保持头部活动的容量。总之,无论领底线曲度、领口开度及领高如何吻合,都要以保证立领上口不影响颈部活动和舒适为原则。

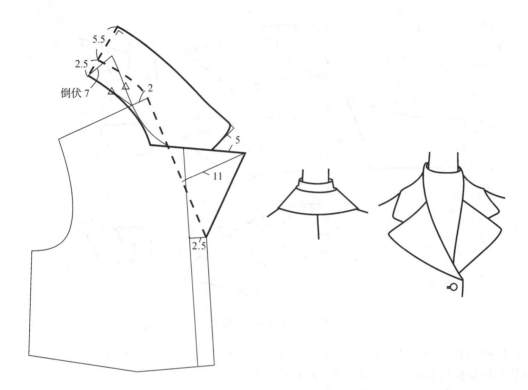

图 6-5　翻驳领结构设计

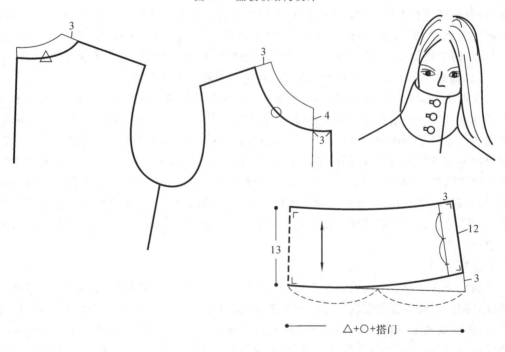

图 6-6　立领结构设计

二、女外套常用袖型结构设计原理及变化

女外套常用的袖型结构是连身袖,连身袖是非常规袖型的典型代表。该袖型的结构设计与装袖相比,结构变化大,决定因素多,所以存在一定难度。好的连身袖结构设计在具有光滑连续的肩袖线条、诱人的外观效果的同时,还应像普通装袖一样舒适合体。

1. 连身袖的概念

连身袖,从广义上讲,是指衣身的某些部分和袖子连成一个整体。根据连身袖衣身与袖身相连的关系,可以分为全部相连和局部相连两种。中式连身袖是全部相连袖型的代表性结构,插肩袖是局部相连的代表性结构。

从狭义上讲,连身袖是指袖窿结构线彻底消失,袖子与衣身合为一体。因其袖子与衣身直接相连,故其外观造型、适体性和运动功能性等与圆装袖(基本袖型)完全不同,且别具特色。

2. 局部连身袖的结构设计

以中性插肩袖为例,它是指插肩袖成型后呈现出中间状态,既不十分贴体也不很宽松的状态。主要把握三项采寸标准:基本袖山高、袖中线平分肩直角(袖中线从 45°角引出)和前袖窿开度为前乳凸量的二分之一。纸样设计如图 6-7 所示。

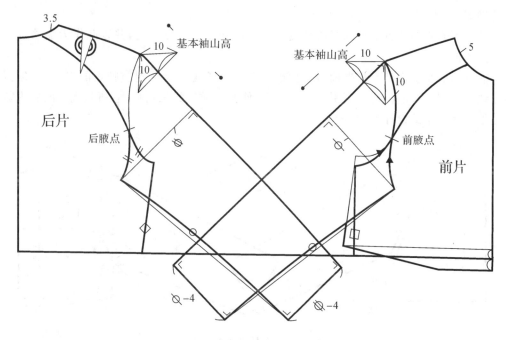

图 6-7　局部连身袖结构设计

从图 6-7 中可以看出,前后片腋下袖子和衣身部分都有重叠量。当人手叉腰时,臂身角度为 45°左右,所以中性插肩袖袖身角度以 45°为宜。当手臂上举时,重叠部分使腋下有足够的余量保证手臂能够自如地抬起;当手臂下落时,这些余量像褶裥一样折叠在腋下。可见,腋下重叠量乃是插肩袖运动功能的关键。至于连身袖的形式,也就是袖与身相连的量和形状的选择,在结构中表现为互补关系。具体地说就是袖子增加某种形状的部分,同时在对

应的衣身上减掉。这种互补关系的范围是以前后腋点为界的,腋点以上是通过互补关系改变款式,腋点以下是保证稳定的腋下活动量。

3.连身袖袖裆的结构设计

当插肩袖与大身互补关系达到极限时,就形成了袖子和大身的连体结构。与衣身连裁的袖子,没有袖山也没有袖窿,也没有腋下余量可以自行调节,这就造成了连身袖的外观造型及运动功能性之间的矛盾。如果选择了类似侧举90°的袖位,那么腋下有足够的余量保证手臂能够自如地抬起,但当手臂落下时肩部就会产生不适,会产生皱折、肩部起吊和紧绷感;反之,如果选择手臂自然下垂的袖位(袖斜度大,肩端有明显的转角),肩部由于手臂倾角的变化而有了足够的余量以使肩部圆顺合体,但同时也就失去了腋下的余量,当手臂抬起时就会产生不适感。

要解决这一问题,首先要选择一个合适的袖斜度,使肩部造型圆顺合体;然后在腋下加入袖裆,使腋下部分得以放松,从而确保手臂的运动自如。可见,袖裆实际起了上述腋下重叠量的作用,所以必须通过连身袖的基本结构来获得必要的参数。

袖裆的宽松结构在国内市场上更多见一些,所以,袖贴体度应小于中式连身袖。如图6-8所示,袖裆设计的步骤如下:

①先要复核连身袖的前后内缝线、前后侧缝线,方法是以各自短的尺寸为准截取其他尺寸并确定下来。

②袖裆插入的位置在袖内缝线和侧缝线交点到前后腋点之间,并以此作为袖裆各边线设计的依据。

③袖裆活动量设计是根据前身与袖子重叠部分的两个端点到前腋点的连线,并延至袖内缝线与前侧缝线的汇合点所引出的线段上,使其构成等腰三角形,它所呈现出的底边宽度就是袖裆活动量的设计参数。

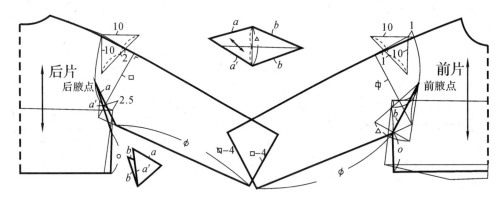

图6-8 连身袖结构设计

4.连身袖的结构变化

上述的腋下插角式袖裆增加了缝制工艺,造型也不够美观。所以我们自然想到,通过较隐蔽的方法把腋下重叠量加出来,这就是连身袖的变体袖裆。

(1)腋下切展法

通过剪切的方法把腋下重叠量加出来。为了使腋下剪开后能够展开,必须通过腋点设计分割线。分割线设计的形式有很多,根据需要可设计出不同的款式。图6-9所示是典型

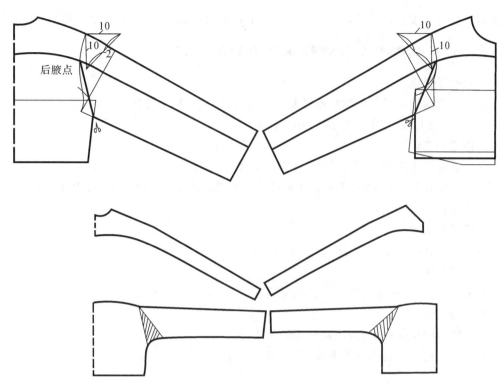

图 6-9　腋下切展法

的连身袖变体袖裆结构。

（2）腋下插角与衣身连成一体

这是处理连身袖服装腋下缝长度不足以改善其运动功能性的一个有效方法。该方法无须使用分离的腋下插角片，而是将连身袖衣身的一部分延伸到插角中，形成延伸式插角，以弥补腋下缝长度的不足。许多现代时装款式，特别适合用这种方法，由于延伸式腋下插角比拼装式腋下插角更易于处理，故对于各种具有育克或分割线的款式，特别是有从袖窿开始的曲线型分割线的连身袖款式常采用此法改变其运动功能性。这其中的大多数，无论曲线的曲率大或小，其分割线可以从 G 点开始，也可以从其稍高或稍低的地方开始，但这些点必须是在离真正袖窿位置最近的插角线上。图 6-10 说明了具有公主线的服装款式是如何巧妙

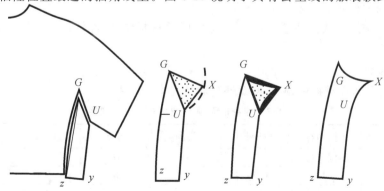

图 6-10　腋下插角与衣身连成一体

地将腋下插角与衣身侧片融合在一起的。其中 $GX=GU$，这样才能保证插入时对位准确。

三、女外套常用衣身结构设计原理及变化

1. 放松量变化

外套的胸围放松量一般要在原型基础上进行追加，但根据宽松度不同，追加量可在 6cm 到 38cm 之间变化，即胸围放松量在 16～48cm。

2. 造型上变化

女外套造型主要有 X 型、H 型、A 型。X 型外套与套装一样，采用公主线或刀背缝分割，而 H 型基本上是无分割、无省直线造型。A 型外套由于下摆很大，常在基本样板基础上由下往上进行切展。

3. 门襟变化

门襟主要有单排扣、双排扣、斜门襟、暗门襟等。

4. 衣长变化

根据不同款式，外套衣长可以在腰围线以下 20cm 到 85cm 之间变化。

5. 口袋变化

对于结构疏松的粗纺面料，常采用明贴袋。

女外套常用的口袋还有单嵌线开袋、双嵌线开袋、公主线衣缝插袋和侧缝插袋。

第四节　女外套结构设计运用

前面几节介绍了女外套的基本型，以及在女外套中经常应用的领子、袖子等的结构设计方法。女外套的变化较多，可通过衣身、领型、袖型等变化设计而派生出许多的款式。这一节以具体的女外套款式为例，进一步来理解和巩固女外套的结构设计方法。

一、连身袖无领 H 型女外套结构设计

1. 款式特点

图 6-11 所示为一款无领直身型外套，前片采用连身袖，后片采用装袖，前片下侧的袖裆巧妙地与后袖片相连。

该款可以选用羊绒类手感柔软、质地厚实的面料制作，领部饰以同色同料的围巾，很适合秋冬季节穿着。

2. 规格设计

表 6-2 所示为连身袖无领 H 型女外套成品规格设计表。

表 6-2　连身袖无领 H 型女外套成品规格　　　　　　（单位：cm）

号/型	部位名称	后中长	胸围	肩宽	袖长	袖口宽
	部位代号	L	B	SH	SL	SK
160/84A	净体尺寸	38	84	38	53	
	加放尺寸	60.5	46	4	2	
	成品尺寸	98.5	130	42	56	20

图 6-11　连身袖无领 H 型女外套款式

3. 结构设计(见图 6-12)

(1)衣片

使用衣片原型,衣身的长度考虑为长大衣,故在人体膝盖以下的位置,制图时延长后中心线至腰节以下 61cm。胸围放松量在原型的放松量基础上再增加 36cm,这个松度是很宽松的,为使前身相对合体,后片放松量比前片大 8cm,即后侧缝放 13cm,前侧缝放 5cm。宽松服装的胸围的放松度的大小是非常重要的,它直接影响了服装整体的轮廓造型和舒适感觉,但它的掌握也是比较困难的。由于外套面料有一定的厚度,后颈点开深 0.5cm,后侧颈点开大 1.5cm 并抬高 0.7cm,前颈点开大 5cm,前侧颈点开大 1.5cm,后肩点抬高 2cm 并延长 2cm,前肩点抬高 1cm 并延长 2cm。考虑到外套较宽松且内穿一定的服装,袖窿开落量取得较大。后袖窿开深 13cm,前袖窿开深 15cm。前袖窿比后袖窿开深大是为了分解前后差。搭门取 3cm。

(2)袖片

前后肩点引出边长为 10cm 的等腰直角三角形,画出袖中线,在袖中线上量取袖长加 4cm,前后袖山高取 21cm。前袖口取 17cm,后袖口取 23cm。袖口加贴边,宽度为 8cm,围度上下各放出 0.5cm 与 0.2cm 的翻折容量(根据面料厚薄可作调整)。

二、插肩袖青果领A型女外套结构设计

1. 款式特点

图 6-13 所示为一款插肩袖女外套,采用青果领领型,下摆放出,使整个造型呈 A 字型。该款型可以掩盖微胖的身材,也可以体现年轻女孩活泼的个性。

该款可以选用驼绒、马海呢、丝绒等面料制作。

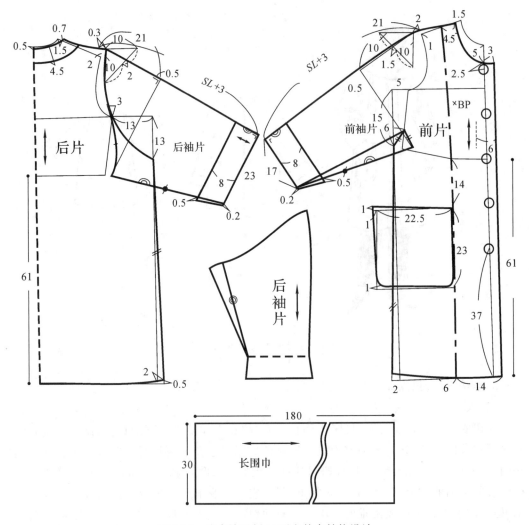

图 6-12　连身袖无领 H 型女外套结构设计

2. 规格设计

表 6-3 为插肩袖青果领 A 型女外套成品规格设计表。

表 6-3　插肩袖青果领 A 型女外套成品规格 　　　　　（单位：cm）

号/型	部位名称	后中长	胸围	肩宽	袖长	袖口宽
	部位代号	L	B	SH	SL	SK
160/84A	净体尺寸	38	84	38	53	
	加放尺寸	48.7	35	4	3	
	成品尺寸	86.7	119	42	56	19

图 6-13 插肩袖青果领 A 型女外套款式

3. 结构设计(见图 6-14)

(1)衣片

使用衣片原型,衣身的长度考虑为中长大衣,在人体膝盖上下的位置,故制图时延长后中心线至腰节以下 50cm。胸围放松量在原型的放松量基础上再增加 25cm,这个松度是比较宽松的。为使前身相对合体,后片放松量比前片大,取后侧缝加放 9cm,前侧缝加放 2.5cm,前中线放 1cm。后颈点开深 1.3cm,后侧颈点开大 2cm 并抬高 0.5cm,前颈点在腰线以上 8cm,前侧颈点开大 2cm,后肩点抬高 1.5cm 并延长 4cm,前肩点抬高 1cm 并延长 4cm。后袖窿开深 8cm,前袖窿开深 10cm。搭门取 3.5cm。

(2)袖片

后肩点引出边长为 15cm 和 7cm 的直角三角形确定袖中线,前肩点引出边长为 15cm 和 7.5cm 的直角三角形画出袖中线,在袖中线上量取袖长加 4cm,前后袖山高取 21cm。前袖口取 17cm,后袖口取 21cm。

(3)领片

青果领按连翻领结构设计方法制作。因面料较厚,领子尺寸较大,故后中心上升量较大,取 7.5cm,然后分别量取前后领口弧线长度,完成结构制图。

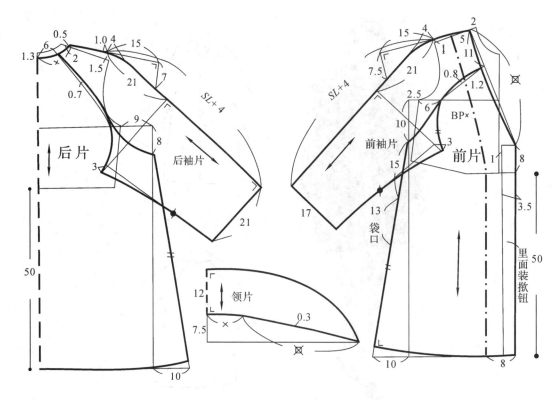

图 6-14　插肩袖青果领 A 型女外套结构设计

三、连袖翻领H型女外套结构设计

1. 款式特点

图 6-15 所示为一款宽松的短外套,连袖、大翻领、直身型,适合做秋冬季节外套。

图 6-15　连袖翻领 H 型女外套

该款可以选用粗纺呢、丝绒、灯芯绒、麂皮绒等面料制作。

2. 规格设计

表 6-4 所示为连袖翻领 H 型女外套成品规格设计表。

表 6-4　连袖翻领 H 型女外套成品规格　　　　　　　　（单位：cm）

号/型	部位名称	后中长	胸围	肩宽	袖长	袖口宽
160/84A	部位代号	L	B	SH	SL	SK
	净体尺寸	38	84	38	53	
	加放尺寸	31	56	4	3	
	成品尺寸	69	140	42	56	26

3. 结构设计（见图 6-16）

（1）衣片

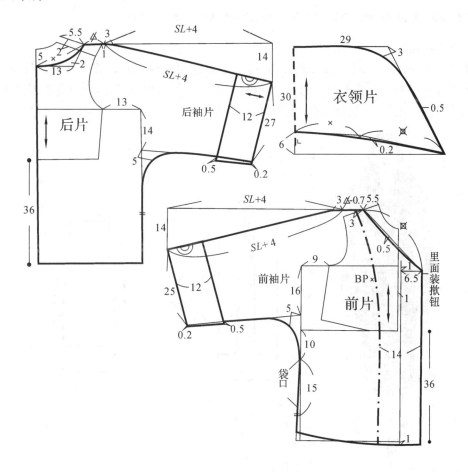

图 6-16　连袖翻领 H 型女外套结构设计

使用衣片原型，衣身的长度考虑为短大衣，在人体臀围线至膝盖之间的位置，故制图时延长后中心线至腰节以下 36cm。胸围放松量在原型的放松量基础上再增加 46cm，这个松度是极为宽松的。为使前身相对合体,后片放松量比前片大,取后侧缝加放 13cm,前侧缝加放 9cm,前中线放 1cm。后颈点开深 5cm,后侧颈点开大 5.5cm 并抬高 2cm,前侧颈点开大 5.5cm 并作水平线,再从前肩点作水平线的垂线以确定肩宽。后袖窿开深 14cm,前袖窿开深 16cm。前颈点开大到袖窿深线下 1cm,搭门取 6.5cm。最后把前后侧缝和袖侧缝连成光滑的曲线。

(2)袖片

根据直角三角形确定袖中线,在袖中线上量取袖长加 4cm,前袖口取 25cm,后袖口取 27cm。然后分别在前后袖口上取袖口贴边,宽度为 12cm,围度在袖口上下各放出 0.5cm 与 0.2cm 左右的容量。

(3)领片

领子按连翻领结构设计。取后中心上升量为 6cm,然后如图量取衣片后领口弧线长与前领口弧线长,领子宽度为 30cm,画顺领子外口弧度。

四、插肩袖双排扣青果领H型女外套结构设计

1. 款式特点

图 6-17 所示为一款插肩袖女外套,其特征是双排扣、直身型、领部为青果领领型,特别是它的袖与一般的插肩袖有所不同,大身的肩部大部分仍与大身相连,而没有连到袖片上。

该款可以采用法兰绒、钢花呢、海力斯、花式大衣呢等面料制作。

图 6-17　插肩袖双排扣青果领 H 型女外套款式

2. 规格设计

表 6-5 所示为插肩袖双排扣青果领 H 型女外套成品规格设计表。

表 6-5　插肩袖双排扣青果领 H 型女外套成品规格　　　　　（单位:cm）

号/型	部位名称	后中长	胸围	肩宽	袖长	袖口宽
	部位代号	L	B	SH	SL	SK
160/84A	净体尺寸	38	84	38	53	
	加放尺寸	52	32	4	5	
	成品尺寸	90	116	42	58	16

3. 结构设计 (见图 6-18)

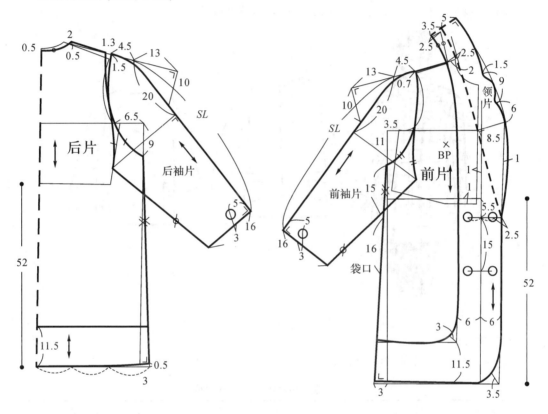

图 6-18　插肩袖双排扣青果领 H 型女外套结构设计

（1）衣片

使用衣片原型,衣身的长度考虑为长大衣,在人体膝盖以下的位置,故制图时延长后中心线至腰节以下 52m。胸围放松量在原型的放松量基础上再增加 22cm,这个松度是外套常用的尺寸,为使前身相对合体,后片放松量比前片大,取后侧缝加放 6.5cm,前侧缝加放 3.5cm,前中线加放 1cm。将前腰线以上 1cm 处与后腰线对位,后颈点开深 0.5cm,后侧颈点开大 2cm 并抬高 0.5cm,前侧颈点开大 2cm,后肩点抬高 1.5cm 并延长 4.5cm,前肩点抬高 0.7cm 并延长 4.5cm。后袖窿开深 9cm,前袖窿开深 10cm。前中线开口止点为腰线以下 5.5cm,搭门取 6cm。

（2）袖片

前后肩点引出边长为 13cm 和 10cm 的直角三角形确定袖中线,在袖中线上量取袖长,前后袖山高取 20cm，前后袖口取 16cm。

（3）领片

青果领按翻驳领结构设计。

五、一片袖双排扣无领H型女外套结构设计

1. 款式特点

图 6-19 所示为一款无领女外套，其款式特征是：采用直身型造型、双排扣、一片袖、无领，用同色同料围巾挡风并装饰。

面料可以采用粗纺花呢、各类大衣呢、麦尔登、双面呢等。

图 6-19　一片袖双排扣无领 H 型女外套款式

2. 规格设计

表 6-6 所示为一片袖双排扣无领 H 型女外套成品规格设计表。

表 6-6　一片袖双排扣无领 H 型女外套成品规格　　（单位：cm）

号/型	部位名称	后中长	胸围	肩宽	袖长	袖口宽
	部位代号	L	B	SH	SL	SK
160/84A	净体尺寸	38	84	38	53	
	加放尺寸	39.5	26	6	5	
	成品尺寸	77.7	110	44	58	18

3. 结构设计（见图 6-20）

（1）衣片

使用衣片原型，衣身的长度考虑为中长大衣，在人体膝盖稍上的位置，故制图时延长后中心线至腰节以下 40cm。胸围放松量在原型的放松量基础上再增加 16cm，这个松度是外套常用的尺寸。为使前身相对合体，后片放松量比前片大，取后侧缝加放 5cm，前侧缝加放 3cm。前颈点开大 1cm，前侧颈点开大 1cm，后肩点抬高 1.5cm 并延长 2cm，前肩点抬高 1cm 并延长

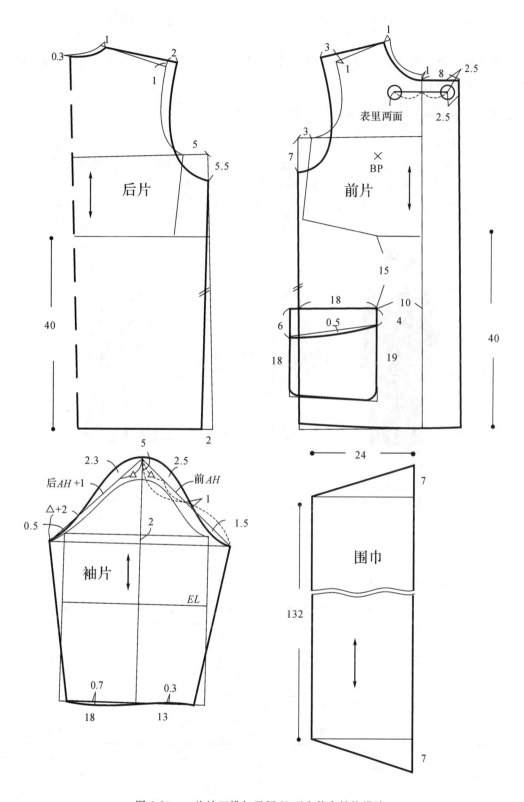

图 6-20　一片袖双排扣无领 H 型女外套结构设计

3cm。后袖窿开深 5.5cm，前袖窿开深 7cm。后侧缝底摆处收 2cm，搭门取 8cm。

（2）袖片

袖子的设计在袖子原型的基础上袖顶点抬高 5cm，袖山高线下降 2cm，用前后袖窿尺寸确定袖肥后重新设计。

六、两片袖西装领X型长外套结构设计

1. 款式特点

图 6-21 所示为一款西装领长外套，其款式特征是：采用体现人体曲线的 X 型造型，长度至小腿中部，领部为西装领中的平驳领，开至腰部。

面料可以采用法兰绒、钢花呢、海力斯、花式大衣呢等，也可以采用各类大衣呢、麦尔登、双面呢等。

图 6-21 两片袖西装领 X 型长外套款式

2. 规格设计

表 6-7 所示为两片袖西装领 X 型长外套成品规格设计表。

表 6-7 两片袖西装领 X 型长外套成品规格 (单位：cm)

号/型	部位名称	后中长	胸围	肩宽	袖长	袖口宽
	部位代号	L	B	SH	SL	SK
	净体尺寸	38	84	38	53	
160/84A	加放尺寸	76	32	6	4	
	成品尺寸	114	116	44	57	17

3. 结构设计 (见图 6-22)

（1）衣片

使用衣片原型，衣身的长度考虑为长大衣，在人体膝盖以下的位置，故制图时延长后中

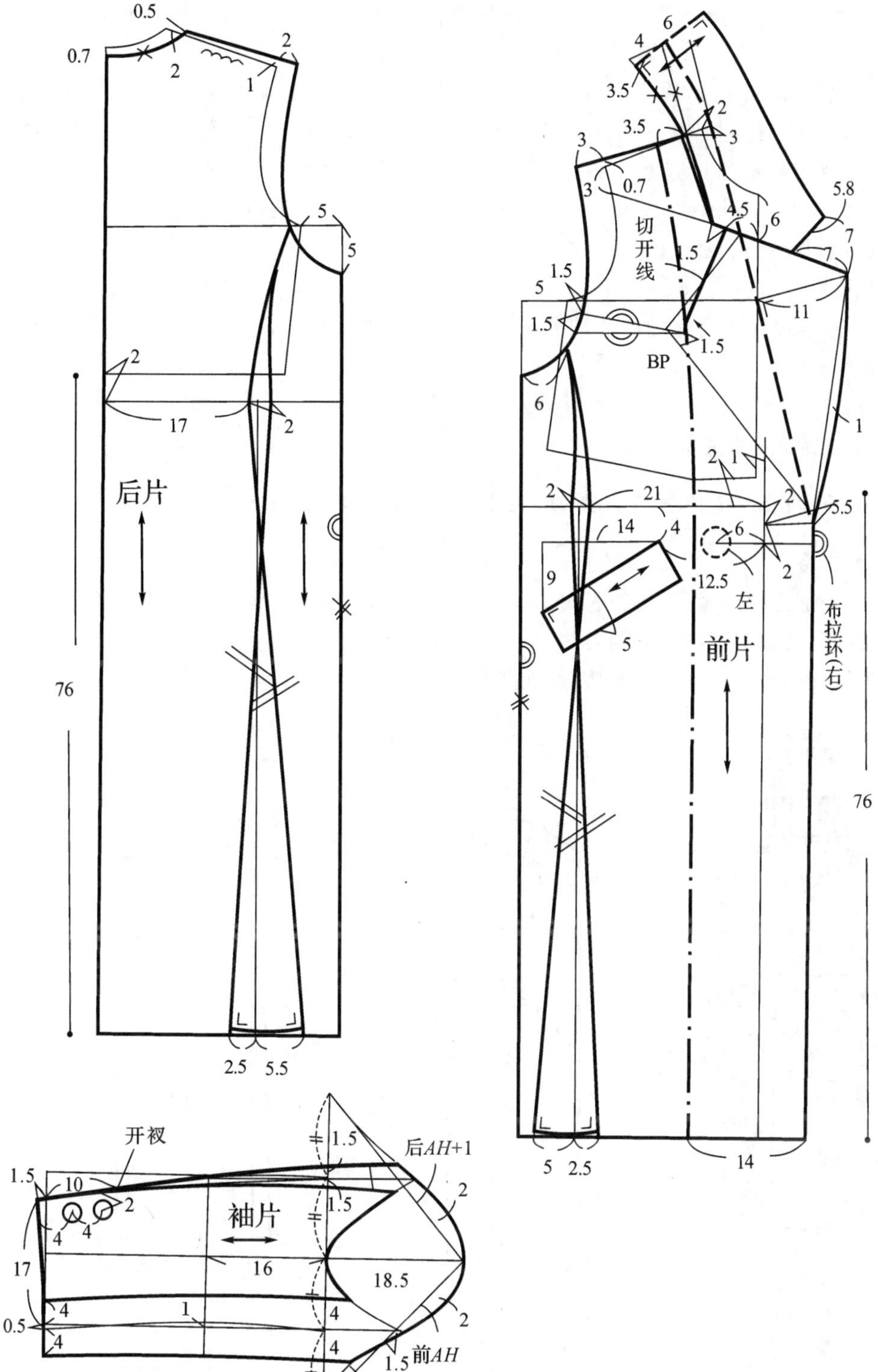

图 6-22　两片袖西装领 X 型长外套结构设计

心线至腰节以下76cm。胸围放松量在原型的放松量基础上再增加22cm，这个松度是比较宽松，取后侧缝加放5cm，前侧缝加放5cm，前中线放1cm。侧缝纸样合并，成三开身结构形式。后颈点开深0.7cm，后侧颈点开大2cm并抬高0.5cm，前颈点在腰线以下5cm，前侧颈点开大2cm，后肩点抬高1cm并延长2cm，前肩点抬高0.7cm并延长3cm。后袖窿开深5cm，前袖窿与后袖窿对应。取袖窿省1.5cm转移至串口线，考虑需要将领口省藏于驳头下，根据翻折线画驳领翻折后效果，离开驳领边1.5cm画省尖位置。搭门取5.5cm。腰线下降2cm后作背分割线。

（2）袖片

袖子结构设计同合体的两片袖。量取衣身前后袖窿尺寸后如图直接画出两片袖，袖山高取18.5cm。

（3）领片

西装领按翻驳领结构设计。

七、两片袖双排扣西装领H型长外套结构设计

1. 款式特点

图6-23所示为一款西装领长外套，其款式特征是：直身型后中有开衩，长度至小腿中部，西装领开至腰部，双排扣，两片袖。

面料可以采用法兰绒、钢花呢、海力斯、花式大衣呢等。

图6-23　两片袖双排扣西装领H型长外套款式

2. 规格设计

表6-8所示为两片袖双排扣西装领H型长外套成品规格设计表。

表 6-8　两片袖双排扣西装领 H 型长外套成品规格（单位：cm）

号/型	部位名称	后中长	胸围	肩宽	袖长	袖口宽
160/84A	部位代号	L	B	SH	SL	SK
	净体尺寸	38	84	38	53	
	加放尺寸	74	31.4	6	3	
	成品尺寸	112	115.4	44	56	16

3. 结构设计（见图 6-24）

（1）衣片

使用衣片原型，衣身的长度考虑为长大衣，在人体膝盖以下的位置，故制图时延长后中心线至腰节以下 74cm。胸围放松量在原型的放松量基础上再增加 21.4cm，这个松度是比较宽松的。为使前身相对合体，后片放松量比前片大，取后侧缝加放 6cm，前侧缝放 4cm，前中线放 0.7cm，后侧颈点开大 0.5cm 并抬高 0.7cm，前颈点在腰线以下 5cm，前侧颈点开大 0.5cm，后肩点抬高 2cm 并延长 2cm，前肩点抬高 1cm 并延长 2.5cm。后袖窿开深 8.5cm，前袖窿开深 9.5cm。前片腋下省取 1.5cm，将其转移至串口线处，作为领口省藏于驳头下。前搭门取 8cm。后片腋下片与前片相连。

（2）袖片

袖子结构设计同合体的两片袖。量取衣身前后袖窿尺寸后如图直接画出两片袖，袖山高取 22cm。袖口贴边按袖口往上取 7cm，将大小袖片合并并在上下口每边放出 0.5cm 与 0.2cm 左右的容量。

（3）领片

西装领按翻驳领结构设计。

八、连袖翻领 A 型女外套结构设计

1. 款式特点

图 6-25 所示为一款翻领女外套，其款式特征是：上小下大的 A 字造型，采用翻领、连袖裁剪。

面料可以采用法兰绒、灯芯绒、麂皮绒等。

2. 规格设计

表 6-9 所示为连袖翻领 A 型女外套成品规格设计表。

表 6-9　连袖翻领 A 型女外套成品规格　　（单位：cm）

号/型	部位名称	后中长	胸围	肩宽	袖长	袖口宽
160/84A	部位代号	L	B	SH	SL	SK
	净体尺寸	38	84	38	53	
	加放尺寸	50	28	4	4	
	成品尺寸	88	112	42	57	14

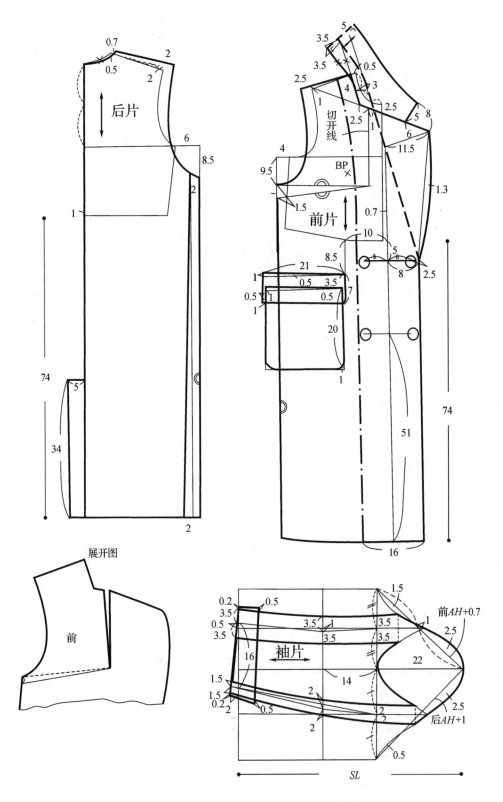

图 6-24　两片袖双排扣西装袖 H 型长外套结构设计

图 6-25 连袖翻领 A 型女外套款式

3. 结构设计(见图 6-26 和图 6-27)

(1)衣片与袖片

使用衣片原型,衣身的长度考虑为中长大衣,在人体膝盖上下的位置,故制图时延长后中心线至腰节以下 50cm。胸围放松量在原型的放松量基础上再增加 18cm,这个松度在外套中常用,取后侧缝加放 4cm,前侧缝加放 4cm,前后中线放 0.5cm。然后将前片原型倾倒 1cm 作为撇胸量。后颈点抬高 0.5cm,后侧颈点抬高 2cm,后肩点抬高 2cm 并延长 1.5cm,前肩点抬高 0.5cm。前颈点开深 2.5cm,搭门取 7cm。后中底摆放 10cm,前后侧缝放 10cm。再根据直角三角形确定袖中线,在袖中线上量取袖长 57cm,前袖口取 10.5cm,后袖口取 17.5cm。后袖窿开深 7cm,前袖窿开深 7cm。最后把前后侧缝和袖侧缝连成光滑的曲线。

(2)领片

领子按连翻领结构设计。

九、斗篷结构设计

1. 款式特点

图 6-28 所示为斗篷,是包裹身体及胳膊在内的外套。穿着斗篷除了可以防风、防雨外,还可以展现自我潇洒的个性。

面料可以从防寒毛料中选择,如粗花呢。另外,也可以用防雨面料制作防雨斗篷,用悬垂性好、色泽华丽的天鹅绒面料制作华美的装饰斗篷。

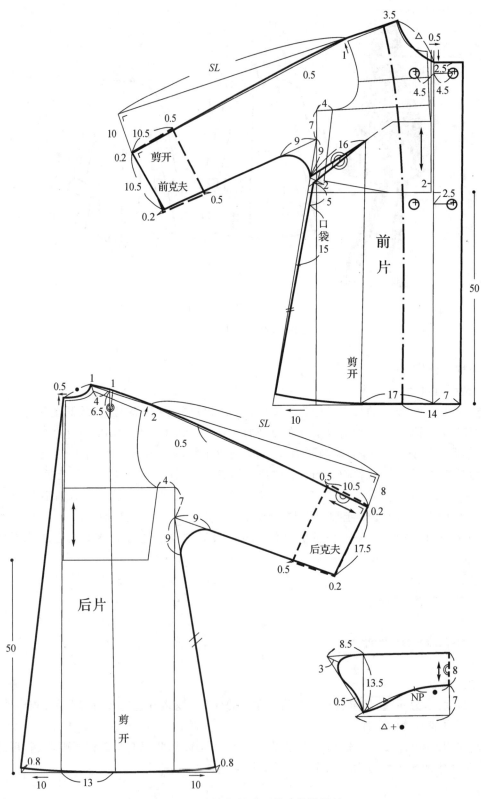

图 6-26　连袖翻领 A 型外套结构设计(一)

展开图

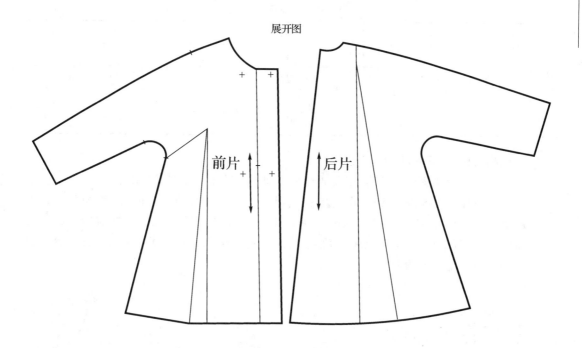

前片 后片

图 6-27 连袖翻领 A 型外套结构设计(二)

图 6-28 斗篷款式

2. 规格设计

表 6-10 所示为斗篷成品规格设计表。

表 6-10　斗篷成品规格　　　　　　　　　　　　　　　　（单位:cm）

号/型	部位名称	后中长
160/84A	部位代号	L
	净体尺寸	38
	加放尺寸	66
	成品尺寸	104

3. 结构设计(见图6-29)

斗篷是一种简便宽松的外套,主要通过肩部和下摆尺寸来控制成品围度。

首先将前片原型倾倒 0.5cm 作为撇胸量,然后在前后中线放 1cm。前后侧颈点开大 0.5cm 并抬高 1cm,后肩点抬高 2.5cm 并延长 1cm,前肩点抬高 1cm。再把前后肩线延长 3cm,前后中线延长 66cm,前后底摆放到 60cm 后连接侧缝。前颈点开深 2cm,搭门取 2.5cm。领子按立领结构设计。

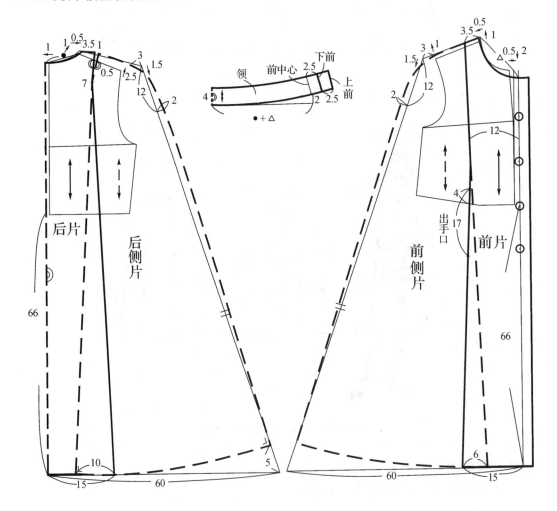

图 6-29　斗篷结构设计

十、插肩袖箱型风衣结构设计

1. 款式特点

图 6-30 所示为一款 H 型插肩袖风衣外套,其特征是箱型,它的松度放量适中,根据 H 造型要求作直线结构设计,不设省。在前后身的插肩线上,都带有覆盖布,肩部带有肩章,配同面料的腰带。面料可采用华达呢、化纤、防雨布等。

图 6-30　插肩袖箱型风衣款式

2. 规格设计

表 6-11 为插肩袖箱型风衣成品规格设计表。

表 6-11　插肩袖箱型风衣成品规格　　　　　　　　　　　　　　（单位:cm）

号/型	部位名称	后中长	胸围	肩宽	袖长
	部位代号	L	B	SH	SL
160/84A	净体尺寸	38	84	38	53
	加放尺寸	56	22	2	4
	成品尺寸	94	106	40	57

3. 结构设计(见图 6-31 和图 6-32)

(1)衣片

使用衣片原型,衣身的长度考虑为中长大衣,在人体膝盖上下的位置,故制图时延长后中心线至腰节以下 56cm。胸围放松量在原型的放松量基础上再增加 1cm,这个松度在外套中常用,其中后侧缝加放 3cm,前侧缝加放 1.5cm,前中线放 1cm,后中放 0.5cm。

将前片原型倾倒 1cm 作为撇胸量,腰线以前身乳凸量底线为准。肩升高量是 1.5cm,

后肩与前肩的比例是 1:0.5;由此得到袖窿开深量为 3.5cm;后颈点抬高量和肩加宽量都取后肩升高量的一半为 0.5cm。口袋的设计在胸宽线的延长线与腰围线以下 10cm 的交点为基本坐标。前后披肩起防风雨作用。后披肩设活褶,打开时与大身产生隔离空间以降低雨水的渗透力。前披肩为了和门襟重叠搭合所设,以防不同方向的风雨侵袭。

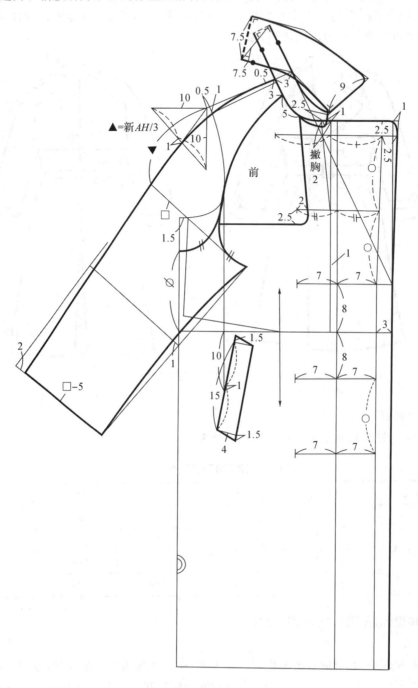

图 6-31　插肩袖箱型风衣结构设计(一)

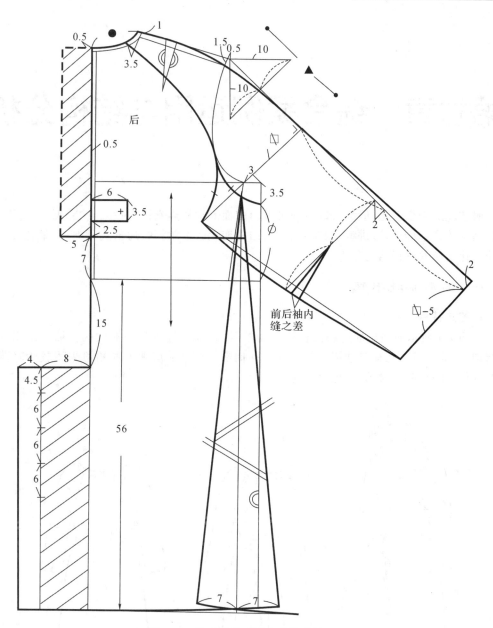

图 6-32　插肩袖箱型风衣结构设计(二)

（2）袖片

该款插肩袖按连身袖的原理设计作袖弯和肘省处理。

（3）领片

风衣领按分体企领规律设计,强调领面底线的倒伏来增大领面宽度并完善其功能,领衬亦根据防风雨功能设计。

第七章 综合案例运用与结构分析

  服装款式千变万化,但都可以有规可循。前面 6 章从连衣裙、衬衫、套装、夹克、马甲、外套的基本款式结构出发,讲解了其各式款式结构变化。本章将打通款式分类,列举各式结构设计变化案例并进行结构分析。

一、插肩袖连衣裙

1. 款式特点

  如图 7-1 所示的插肩袖连衣裙整体较为松身,腰部通过系带抽褶收腰。袖子采用插肩袖结构,九分长度并在袖口抽褶。领口开大并抽褶。该款插肩袖连衣裙可采用较为轻薄型面料制作,如丝棉纺、薄棉布、棉涤混纺布等均可。

图 7-1 插肩袖连衣裙款式

2. 规格设计

表 7-1 为插肩袖连衣裙成品规格设计表。

表 7-1　插肩袖连衣裙成品规格　　　　　　　　　（单位:cm）

号/型	部位名称	后中长	胸围	肩宽	袖长	袖口
160/84A	部位代号	L	B	SH	SL	SK
	净体尺寸	38	84	38	53	
	加放尺寸	70	20	0	—3	
	成品尺寸	108	104	38	50	20

3. 结构设计(见图 7-2)

(1)衣片

使用衣片原型,腰节位置考虑抽褶回缩,其分割线向下取 1.5cm。裙身的长度结合效果图取 70cm。胸围放松量在原型的基础上再加放 10cm,即成品放松量为 20cm,这个松度是休闲连衣裙常用的尺寸。放出的 10cm 放松量平均放在侧缝处,即前后半身各放出 2.5cm。后袖窿开落 3cm,前袖窿加大 1cm 即开落 4cm,取前后侧缝长度相等后前腰节处起翘。腰部垂直而下,裙子底摆各放出 5cm。前后中心各放出 5cm 用于领口抽褶,并加大腰部抽褶量。

(2)袖片

袖子为插肩袖结构。肩部较为松身,从后片原型肩点收去 1cm 后取 45°作为插肩袖袖中线,后片袖中抬高 1cm。从后衣片袖窿底点向袖中线作垂线,相交一点后平行向上 3.5cm 作袖中线垂线,确定前后袖山高为 d。后袖口处取 14.5cm,前袖口处取 13.5cm,如图用圆顺的线条连接前后袖下缝线,并加长前袖下缝线与后片相等。将前后袖片中线相对,并在袖口放开 8cm,然后如图 7-2 所示画顺袖笼弧线与袖口弧线,在后袖口上增加 2cm 的泡量。

(3)领片

.领口不装领子,如图后侧颈点开大 6cm,考虑领子开大量较大,前侧颈点收紧取 5.5cm,前中心与后中心都开落,根据款式效果图分别取 4cm 与 1.5cm。领口抽褶装饰,如图画领口。

二、立领拉链套装上衣

1. 款式特点

如图 7-3 所示的立领拉链套装上衣采用肩部分割公主线造型,为四开身结构。利用公主线和刀背线表现出立体感。领子采用立领,袖子为合体两片袖,但不装袖衩。

该款立领拉链套装上衣可采用较为粗犷的粗花呢、棉织物或毛涤混纺织物。

2. 规格设计

表 7-2 所示为立领拉链套装上衣成品规格设计表。

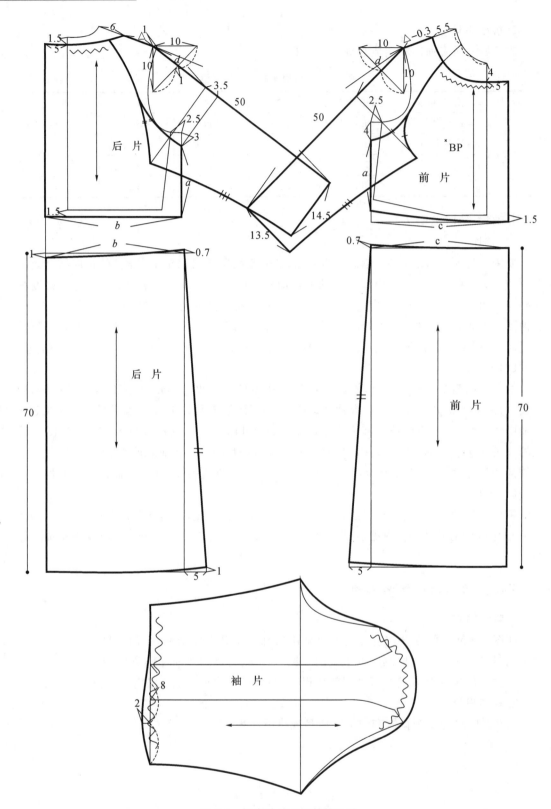

图 7-2　插肩袖连衣裙结构设计

表 7-2　立领拉链套装上衣成品规格　　　　　　　　　　（单位：cm）

号/型	部位名称	后中长	胸围	腰围	臀围	肩宽	袖长	袖口宽
	部位代号	L	B	W	H	SH	SL	SK
160/84A	净体尺寸	38	84	66	90	38	53	
	加放尺寸	13.7	12	10	4	0	3	
	成品尺寸	51.7	96	76	94	38	56	12

图 7-3　立领拉链套装上衣款式

3. 结构设计（见图 7-4）

（1）衣片

使用衣片原型，衣身的长度考虑在人体臀围以上的位置，故制图时延长后中心线至腰节以下 14cm。胸围放松量在原型的基础上再加放 2cm，即成品放松量为 12cm，这个松度是合体套装上衣常用的尺寸。2cm 放松量全部放在前片，使前片比后片的胸围大 2cm。腰围放松量 10cm，后腰围大为 $W/4-1.5$（前后差）$+3cm$（省量），前腰围大为 $W/4+1.5$（前后差）$+2.5cm$（省量）。臀围放松量 4cm，前后片臀围尺寸相等。款式的肩部是较为合体的，可以使用前后原型肩线，后肩上的肩胛省移入后公主线中。侧缝是根据腰节线的上下前后侧缝各自相等的原则来确定的，在前片腋下取省道量 2cm，该值通过省道转移放入公主线的剖缝中。前中线处减少 0.5cm 是考虑前中线处要装拉链，有一个拉链牙子的宽度（约 0.5cm）需减去。

（2）袖片

袖子为合体两片袖结构。袖山高在原型的基础上增加了 2cm，前袖山斜线长取前 AH，后袖山斜线长取后 $AH+1cm$，前袖缝借量为 2.5cm，后袖缝借量在袖山底线上为 2cm，肘线

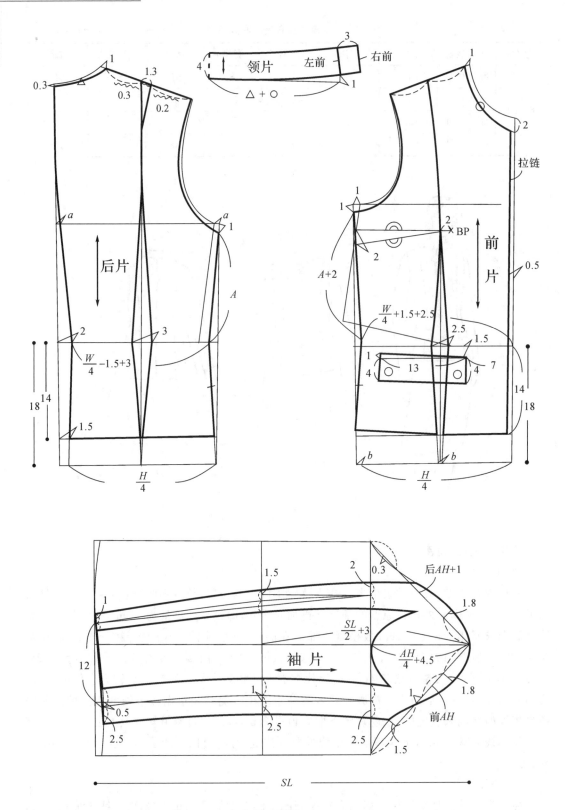

图 7-4 立领拉链套装上衣结构设计

上为 1.5cm,袖口处为 1cm,如图用圆顺的线条连接大袖片与小袖片。

（3）领片

领子为立领,为了使得上口略微收小,前中心起翘 1cm,右片比左片加长 3cm,如图画领子。

三、扣襻式西便装

1. 款式特点

如图 7-5 所示的扣襻式西便装是从正式女西装结构演变而来的,为四开身结构。通过公主线、后背剖缝、侧缝及前胸省道体现服装的立体感,前中门襟的固定通过四个暗扣,并用扣襻系于腰部,正规中带有创意变化,符合时尚。领子为小的戗驳领,袖子为合体两片袖。

图 7-5　扣襻式西便装款式

该款式可适合不同的体型、年龄,根据使用的材料不同,穿着效果也会发生变化。面料可采用薄毛呢、华达呢、女式呢、法兰绒等毛织物或毛涤、毛粘混纺织物。

2. 规格设计

表 7-3 所示为扣襻式西便装成品规格设计表。

表 7-3　扣襻式西便装成品规格　　　　（单位:cm）

号/型	部位名称	后中长	胸围	腰围	臀围	肩宽	袖长	袖口宽
	部位代号	L	B	W	H	SH	SL	SK
160/84A	净体尺寸	38	84	66	90	38	53	
	加放尺寸	23	12	10	6	2	3	
	成品尺寸	61	96	76	96	40	56	12

3. 结构设计(见图7-6)

(1)衣片

使用衣片原型,衣身的长度考虑在人体臀围以下的位置,故制图时延长后中心线至腰节以下23cm。胸围放松量在原型的基础上再加放2cm,即成品放松量为12cm,这个松度是合体套装上衣常用的尺寸。2cm放松量全部放在前片,使前片比后片的胸围大2cm。腰围放松量10cm,后腰围大为$W/4-1.5$(前后差)$+3$cm(省量),前腰围大为$W/4+1.5$(前后差)$+2$cm(省量)。臀围放松量6cm,前后片臀围尺寸相等。款式的肩部是较为合体的,可以使用前后原型肩线,后肩没有肩胛省,根据肩宽的成品尺寸从后颈点向肩斜方向截取$SH/2+0.5$cm(后肩归缩量)。侧缝是根据腰节线上下前后侧缝各自相等的原则来确定的,在前片腋下取省道量2cm,该值通过省道转移放入公主线的剖缝中。但在公主线至胸高点之间的省道不要转移,保留下来作为款式线。

(2)袖片

袖子为典型的两片西装袖结构。袖山高在原型的基础上增加了2cm,前袖山斜线长取前AH,后袖山斜线长取后$AH+1$cm,前袖缝借量为2.5cm,后袖缝借量为2cm,袖口大取12cm,袖衩长10cm,如图用圆顺的线条连接大袖片与小袖片。

(3)领片

领子为平驳头西装领,应先确定领形后再确定后领腰的高度、翻折线与串口线的位置,以及倒伏量的大小等,再如图画领子。

四、连身袖套装上衣

1. 款式特点

如图7-7所示的连身袖套装上衣款式简洁,没有复杂的线条。大身与袖子相连,并与公主线在腋下产生重叠,使得连袖具有较好的活动功能。而大身部分的合体性则是通过前后公主线、后背剖缝、侧缝来实现的。

该款女西装面料可采用薄毛呢、华达呢、女式呢、法兰绒等毛织物或毛涤、毛粘混纺织物。

2. 规格设计

表7-4所示为连身袖套装上衣成品规格设计表。

表7-4　连身袖套装上衣成品规格　　　　　　　　　　(单位:cm)

号/型	部位名称	后中长	胸围	臀围	肩宽	袖长	袖口宽
160/84A	部位代号	L	B	H	SH	SL	SK
	净体尺寸	38	84	90	38	53	
	加放尺寸	17.7	14	6	2	3	
	成品尺寸	55.7	98	96	40	56	12.5

3. 结构设计(见图7-8)

(1)衣片与袖片

连身袖套装上衣的衣身与袖子的结构设计是同时进行的。首先使用衣片原型,衣身的

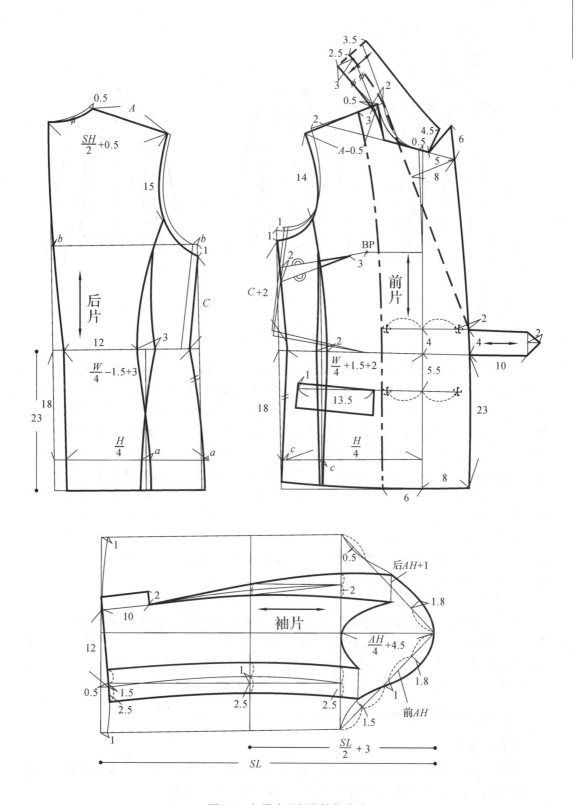

图 7-6 扣襻式西便装结构设计

图 7-7　连身袖套装上衣款式

长度考虑在人体臀围上的位置,制图时延长后中心线至腰节以下 18cm。胸围放松量在原型的基础上再加放 4cm(平均加放于前后侧缝),即成品放松量为 14cm,这个松度是合体套装上衣常用的尺寸。款式的肩部是较为合体的,可以使用前后原型肩线,后肩没有肩胛省,根据肩宽的成品尺寸从后颈点向肩斜方向截取 $SH/2+0.5cm$(后肩归缩量)。侧缝是根据腰节线上下前后侧缝各自相等的原则来确定的,所以前片的袖窿比后片多下降 1.5cm,剩余的量通过前底摆起翘的方法去掉。又通过后片中线剖缝收腰、后公主线收腰凸臀、前片公主线收腰、前后侧缝收腰体现女性三围之差。然后确定袖子与衣身的角度,一般可取 45°,即取辅助直角三角形斜边中点的直线为袖中线。但还必须考虑到后肩有一定的厚度,故后肩斜比前肩斜小。这对于连身袖来说,后袖中线比前袖中线平坦。袖子与衣身的倾斜角可根据服装的造型作适当的调整。当倾斜角增大时,袖子的造型合体,但运动功能减弱;反之,当倾斜角减少时,袖子的运动功能加强,但造型不合体。

(2)领片

领子为翻领。为了使翻领造型稳定,领口靠拢颈部,成型效果较好,可将翻领分解成领座与上领面两片。而两片翻领的做法仍与翻领基本相同。如图确定后中心上升量 2cm,量取前后领口弧线的长度,画领腰与上领面的尺寸,再根据款式图画领头部形状。最后如图将领腰与上领面分开,并留出 0.3cm 的翻折容量,即后领腰为 2.7cm。

五、四贴袋女西装结构设计

1. 款式特点

如图 7-9 所示的四贴袋女西装与传统的三开身西装非常相似,但口袋变化成四个明贴袋,公主线及省道上缉有明线,显得休闲时尚。袖子为合体一片袖。

该款女西装面料采用粗花呢、绒布、斜纹布、牛仔布等较粗犷的面料制作为宜。

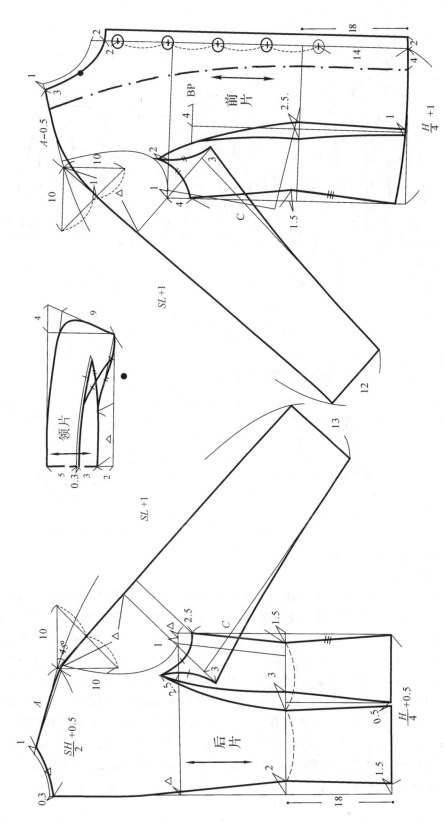

图 7-8　连身袖套装上衣结构设计

图 7-9　四贴袋女西装款式

2.规格设计

表 7-5 所示为四贴袋女西装成品规格设计表。

表 7-5　四贴袋女西装成品规格　　　　　　　　　　　（单位：cm）

号/型	部位名称	后中长	胸围	臀围	肩宽	袖长	袖口宽
	部位代号	L	B	H	SH	SL	SK
160/84A	净体尺寸	38	84	90	38	53	
	加放尺寸	24.7	14	8	2	3	
	成品尺寸	62.7	98	98	40	56	12

3.结构设计(见图 7-10)

(1)衣片

使用衣片原型,衣身的长度考虑在人体臀围以下的位置,制图时延长后中心线至腰节以下 25cm。胸围放松量在原型的基础上再加放 4cm(平均加放于前后侧缝),即成品放松量为 14cm,这个松度是合体套装上衣常用的尺寸。款式的肩部是较为合体的,可以使用前后原型肩线,后肩没有肩胛省,将后肩抬高 0.3cm。根据肩宽的成品尺寸从后颈点向肩斜方向截取 $SH/2+0.5$cm(后肩归缩量)。侧缝是根据腰节线上下前后侧缝各自相等的原则来确定的,所以前片的袖窿比后片多下降 1.5cm,剩余的量通过前底摆起翘的方法去掉。袖窿因多开落而增大的 1cm,通过省道转移至领口。考虑需要将领口省藏于驳头下,根据翻折线画驳领翻折效果,离开驳领边 1.5cm 画省尖位置,如图 7-10 所示。又通过后片中线剖缝收腰、后公主线收腰凸臀、前片公主线收腰、前腰省收腰突胸体现女性三围之差。前后侧片因侧缝不剖缝而将纸样拼合处理。

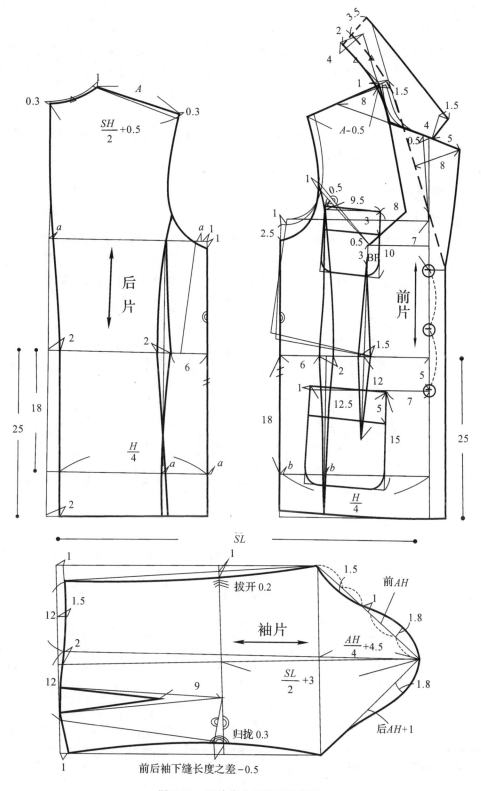

图 7-10 四贴袋女西装结构设计

(2)袖片

袖子为合体的一片袖结构。袖山高在原型的基础上增加了 2cm,前袖山斜线长取前 AH,后袖山斜线长取后 $AH+1$cm,确定袖肥。然后将袖中线向前倾斜 2cm,分别取前后袖口大为 12cm,画前后袖下缝线,其长度之差在肘线取省。然后将肘下省转移至袖口,省道距肘线 9cm。

(3)领片

领子为平驳头西装领,应先确定领形后再确定后领腰的高度、翻折线与串口线的位置、倒伏量的大小等,再如图画领子。

六、领襻式套装上衣

1. 款式特点

如图 7-11 所示的立领领襻式套装上衣采用前肩部横向分割造型,为四开身合体结构。利用公主线和刀背线表现出立体感。领子采用立领,并延长作为领襻,袖子为直身一片袖。

该款领襻式套装上衣面料采用绒布、斜纹布、牛仔布等较为粗犷的面料制作为宜。

图 7-11　领襻式套装上衣款式

2. 规格设计

表 7-6 所示为领襻式套装上衣成品规格设计表。

表 7-6　领襻式套装上衣成品规格　　　　　　　　　　(单位:cm)

号/型	部位名称	后中长	胸围	肩宽	袖长	袖口宽
160/84A	部位代号	L	B	SH	SL	SK
	净体尺寸	38	84	38	53	
	加放尺寸	15.7	14	0	3	
	成品尺寸	53.7	98	38	56	12

3. 结构设计(见图 7-12)

(1)衣片

使用衣片原型,衣身的长度考虑在人体臀围以上的位置,故制图时延长后中心线至腰节

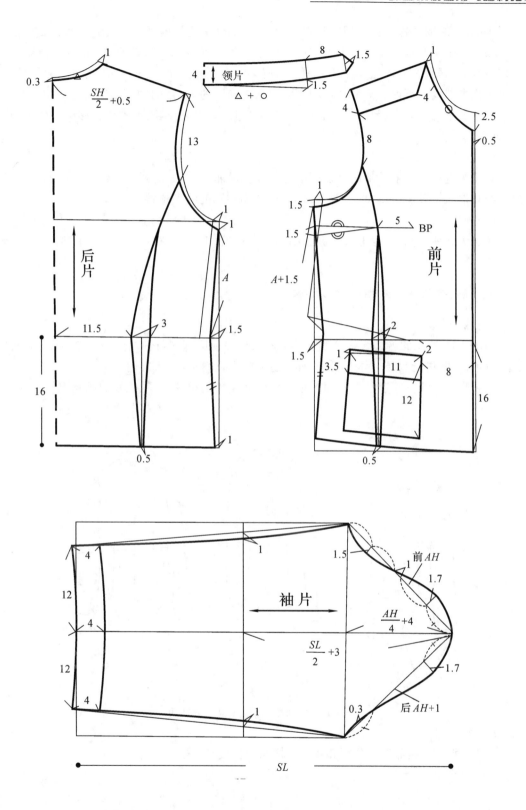

图 7-12　领襻式套装上衣结构设计

以下 16cm。胸围放松量在原型的基础上再加放 4cm(平均加放于前后侧缝),即成品放松量为 14cm,这个松度是合体套装上衣常用的尺寸。款式的肩部是较为合体的,可以使用前后原型肩线,根据肩宽的成品尺寸从后颈点向肩斜方向截取 $SH/2+0.5cm$(后肩归缩量)。侧缝是根据腰节线上下前后侧缝各自相等的原则来确定的,前片的袖窿比后片多下降0.5cm,并取腋下省量为 1.5cm,剩余的量通过前底摆起翘的方法去掉,腋下省道转移放入公主线的剖缝中。

(2)袖片

袖子为直身一片袖。袖山高在原型的基础上增加了 2cm,前袖山斜线长取前 AH,后袖山斜线长取后 $AH+1cm$,袖口大为 12cm,如图用圆顺的线条连接。

(3)领片

领子为立领,为了使得上口略微收小,前中心起翘 1.5cm,右片比左片加长 8cm,如图画领襟。

七、胸部弧线分割套装上衣

1. 款式特点

如图 7-13 所示的胸部弧线分割套装上衣采用在前胸部进行斜向弧线分割的形式,前后通过省道、侧缝进行收腰合体。线条简洁,造型时尚,适合年轻人穿着。

该款胸部弧线分割套装上衣面料可采用较为粗犷的粗花呢、棉织物或毛涤混纺织物。

图 7-13　胸部弧线分割套装上衣款式

2. 规格设计

表 7-7 所示为胸部弧线分割套装上衣成品规格设计表。

表 7-7　胸部弧线分割套装上衣成品规格　　　　　　　　　　　（单位：cm）

号/型	部位名称	后中长	胸围	肩宽	袖长	袖口宽
160/84A	部位代号	L	B	SH	SL	SK
	净体尺寸	38	84	38	53	
	加放尺寸	16	15	2	3	
	成品尺寸	54	99	40	56	12

3. 结构设计（见图 7-14）

（1）衣片

使用衣片原型，衣身的长度考虑在人体臀围以上的位置，制图时延长后中心线至腰节以下 16cm。胸围放松量在原型的基础上再加放 5cm，前片放 3cm，后片放 2cm，即成品放松量为 15cm，这个松度是合体套装上衣常用的尺寸。款式的肩部是较为合体的，可以使用前后原型肩线，后肩由于不取肩省而将肩线抬高 0.3cm，根据肩宽的成品尺寸从后颈点向肩斜方向截取 $SH/2+0.5cm$（后肩归缩量）。侧缝是根据腰节线上下前后侧缝各自相等的原则来确定的，前片的袖窿比后片多下降 0.5cm，并取腋下省量为 1.5cm，剩余的量通过前底摆起翘的方法去掉，腋下省道转移放入腰部省缝中。

（2）袖片

袖子为直身一片袖。袖山高在原型的基础上增加了 1.5cm，前袖山斜线长取前 AH，后袖山斜线长取后 $AH+1cm$，袖口大为 12cm，如图用圆顺的线条连接。

（3）领片

领子为翻领，领腰设定为 2.5cm，故取后中心上升量为 3cm，上领面宽为 3.5cm，量取前后领口弧线的长度，领尖为 6cm，如图画领子。

八、U 字分割线女夹克

1. 款式特点

如图 7-15 所示的女夹克采用 U 字分割线，产生一定的收腰作用与良好的装饰效果。胸前两只大贴袋，随意休闲。明门襟，肩上与后腰装有腰襻，有较强的夹克装效果。袖子为直身两片袖，领子为立领。

面料以选用牛仔布、斜纹布等中厚型棉布为宜，也可以用粗花呢、女式呢等全毛或毛涤混纺织物。

2. 规格设计

表 7-8 所示为 U 字分割线女夹克成品规格设计表。

表 7-8　U 字分割线女夹克成品规格　　　　　　　　　　　（单位：cm）

号/型	部位名称	后中长	胸围	肩宽	袖长	袖口宽
160/84A	部位代号	L	B	SH	SL	SK
	净体尺寸	38	84	38	53	
	加放尺寸	11.7	18	2	3	
	成品尺寸	49.7	102	40	56	12

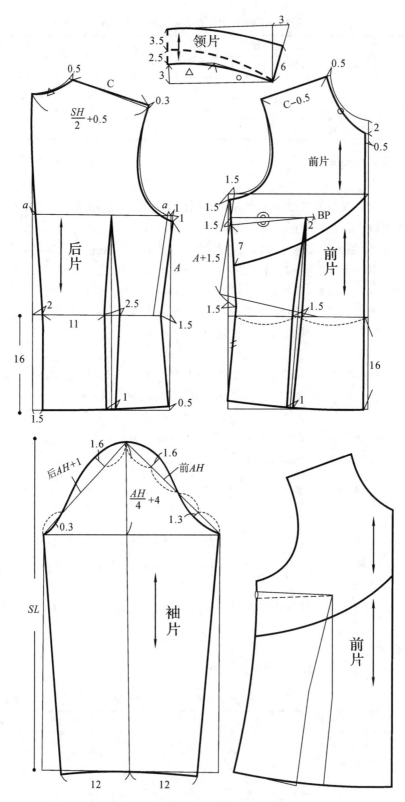

图 7-14　胸部弧线分割套装上衣结构设计

图 7-15 U字分割女夹克款式

3. 结构设计 (见图 7-16)

(1)衣片

使用衣片原型,衣身的长度较短,在人体臀围以上的位置,制图时延长后中心线至腰节以下12cm。胸围放松量在原型的基础上再加放8cm(平均放入前后侧缝中),即成品放松量为18cm,这个放松量是夹克常用的尺寸。款式的肩部有一定的松度,根据目前的流行,可在后肩抬高0.8cm,前肩抬高0.5cm。后肩比前肩抬高量大是考虑后肩没有肩胛省或肩胛省转移,而是直接去掉了肩省量。然后根据肩宽的成品尺寸从后颈点向肩斜方向截取 $SH/2$ +0.5cm(归缩量)作为后肩宽尺寸。前肩线长度为后肩线长度—0.5cm(归缩量)。侧缝是根据腰节线上下前后侧缝各自相等的原则来确定的,前片腰节线上侧缝的长度为后片的长度+1.5cm(其中1.5cm为省道转移量,将此转移至U字分割线中),前袖窿比后袖窿下降0.5cm,剩余的量通过前底摆起翘的方法去掉。前后 U 字分割线中各收腰1.5cm。

(2)袖片

袖子为一片直身袖。袖山高在原型的基础上增加了1cm,前袖山斜线长取前 AH,后袖山斜线长取后 AH+0.7cm,后片作剖缝,并在袖口处收小袖口尺寸,袖口大取12cm,如图用圆顺的线条连接大袖片与小袖片。

(3)领片

领子为立领,应先确定领高4cm,量取后领口弧线长与前领口弧线长,在领头部起翘1cm,如图画领子。

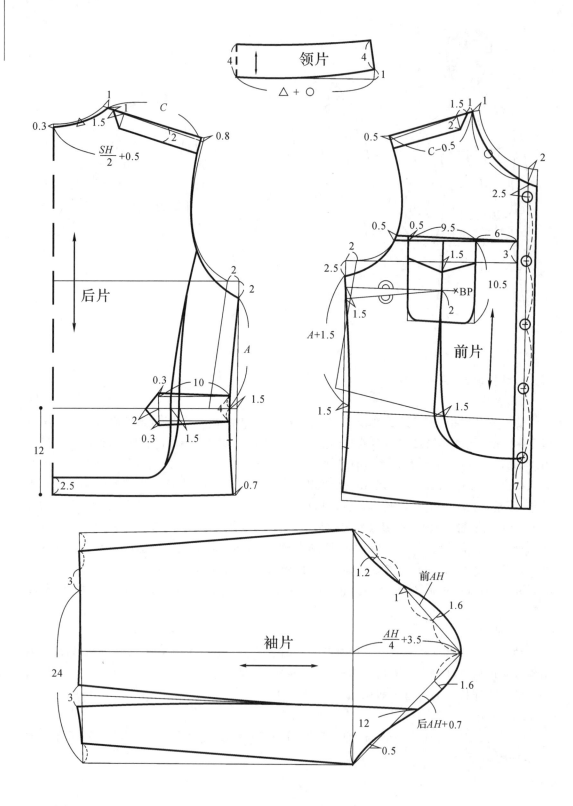

图 7-16　U 字分割女夹克结构设计

九、平领落肩式女夹克

1. 款式特点

如图 7-17 所示的平领落肩式女夹克较宽松,衣长较短。前中门襟以双排扣扣合,前身左右两只斜插袋,在袋中心装有固定襻,具有功能性与装饰性。底摆用针织罗口收口。领子为平领,袖子为宽松的落肩袖。

面料以选用牛仔、丝绸、全毛或毛涤混纺织物为宜。

图 7-17　平领落肩式女夹克款式

2. 规格设计

表 7-9 所示为平领落肩式女夹克成品规格设计表。

表 7-9　平领落肩式女夹克成品规格　　　　　　　　　　　　　　　（单位:cm)

号/型	部位名称	后中长	胸围	肩宽	袖长	袖口宽
	部位代号	L	B	SH	SL	SK
160/84A	净体尺寸	38	84	38	53	
	加放尺寸	14.7	36	11	−1.5	
	成品尺寸	52.7	120	49	51.5	10

3. 结构设计(见图 7-18)

(1) 衣片

使用衣片原型,衣身的长度在人体臀围上的位置,制图时延长后中心线至腰节以下 15cm。胸围放松量在原型的基础上再加放 26cm,即成品放松量为 36cm,为体现人体活动的向前方向性,在前半身衣片侧缝中增加 6cm,后半身衣片侧缝中增加 7cm,使前半身衣片尺寸为 $B/4-0.5$(前后差),后半身衣片尺寸为 $B/4+0.5$(前后差)。这个放松度是宽松型

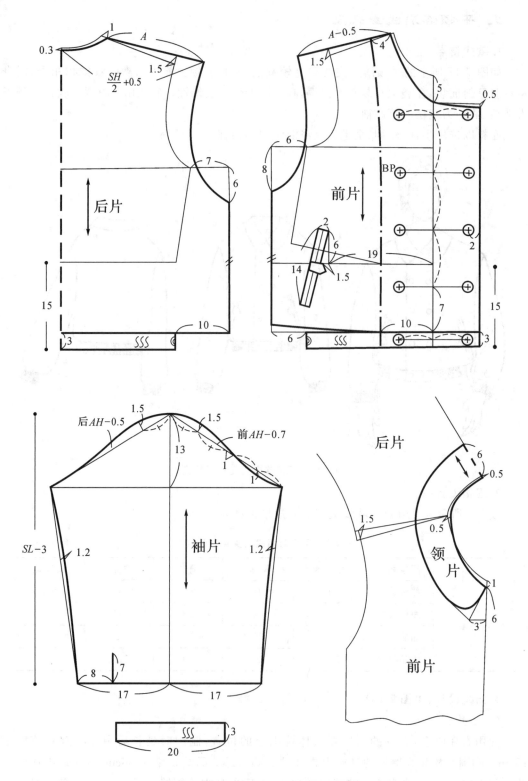

图 7-18　平领落肩式女夹克结构设计

夹克常用的尺寸。因是落肩袖,在前后肩部要有一定的松度,所以各抬高了1.5cm,然后根据肩宽的成品尺寸从后颈点向肩斜方向截取$SH/2+0.5$cm(归缩量)作为后肩宽。前肩线长度为后肩线长度-0.5cm(归缩量)。侧缝是根据腰节线上下前后侧缝各自相等的原则来确定的,所以前片的袖窿比后片多下降2cm,剩余的量通过前底摆起翘的方法去掉。底摆罗纹尺寸大约为衣片尺寸的三分之二,如图所示。该值可根据面料的厚度、柔软度等性能进行变化。

(2)袖片

袖子为一片直身袖。袖山高取13cm,前袖山斜线长取前$AH-0.7$cm,后袖山斜线长取后$AH-0.5$cm。罗口尺寸长20cm,将袖片袖口部位抽缩,得到成品袖口宽为10cm。

(3)领片

领子为平领,应先将前后衣片在肩端点重叠1.5cm。该值可根据面料的厚度、悬垂性等性能指标不同而不同,一般如果面料厚度小、较柔软,该值增大;反之,若面料厚度大、较硬,该值就小。如轻薄的丝绸等重叠可取$2\sim3$cm;而厚重的呢料等重叠则取$0\sim1$cm,然后在后颈点与侧颈点放出0.5cm,前中心处下降1cm,使领子的领口弧线与衣片的领口弧线相等,并使平领从里向外有一个翻折厚度,使装领线不外露。最后确定领宽6cm,如图画领子。

十、立领拉链女夹克

1.款式特点

如图7-19所示的立领拉链女夹克较合体,衣长较短。前中门襟装拉链开口,前胸部左右两只拉链袋,与门襟呼应。领子为立领,其圆头与底摆对应。前后衣片有公主线分割,产生收腰的效果。后背横向有剖缝,并使该缝线与袖子的剖缝相接。袖子为两片直身袖。

图7-19　立领拉链女夹克款式

面料以选用牛仔布、斜纹布、灯芯绒等中厚型棉布为宜，也可以用粗花呢、女式呢等全毛或毛涤混纺织物。最好带有一点弹性。

2. 规格设计

表 7-10 所示为立领拉链女夹克成品规格设计表。

表 7-10 立领拉链女夹克成品规格　　　　　（单位：cm）

号/型	部位名称	后中长	胸围	肩宽	袖长	袖口宽
160/84A	部位代号	L	B	SH	SL	SK
	净体尺寸	38	84	38	53	
	加放尺寸	15.7	16	2	3	
	成品尺寸	53.7	100	40	56	10

3. 结构设计（见图 7-20）

（1）衣片

使用衣片原型，衣身的长度在人体臀围上的位置，制图时延长后中心线至腰节以下 16cm，由于衣长较短，将腰节线抬高 1cm，可产生人体下身较长的视觉效果，长度比例更为美观。胸围放松量在原型的基础上再加放 6cm（平均放入前后侧缝中），即成品放松量为 16cm，这个放松度是合体夹克常用的尺寸。款式的肩部有一定的松度，根据目前的流行，可在后肩抬高 0.8cm，前肩抬高 0.5cm。后肩比前肩抬高量大是考虑后肩没有肩胛省或肩胛省转移，而是直接去掉了肩省量。然后根据肩宽的成品尺寸从后颈点向肩斜方向截取 $SH/2+0.5cm$（归缩量）作为后肩宽。前肩线长度为后肩线长度$-0.5cm$（归缩量）。侧缝是根据腰节线上下前后侧缝各自相等的原则来确定的，所以前片的袖窿比后片多下降 2cm，剩余的量通过前底摆起翘的方法去掉。底摆尺寸为衣片尺寸减去省缝量。后背横向剖缝，去掉 1cm 的省道量，使后背更为贴体。前后采用纵向剖缝，从中收省，起到收腰作用，如图所示。

（2）袖片

袖子为两片直身袖。袖山高取 15cm，前袖山斜线长取前 AH，后袖山斜线长取后 $AH+0.7cm$，得到袖肥，并延伸至袖口。在袖口线上取袖口总长 20cm，剩余的量取 5cm 在袖子两片剖缝中收掉，另外取二等分，分别在袖下缝线中收去。后背横向剖缝与袖子两片剖缝对位，如图量取后衣片剖缝至衣片侧缝的长度 a，然后从袖子后侧袖山底点量取 $a+0.2cm$（吃势），决定袖子剖缝位置。

（3）领片

领子为立领，应先确定领高 4cm，量取后领口弧线长与前领口弧线长，在领头部起翘 1cm，搭门 3cm，如图画领子。

十一、带领襻公主线分割女夹克

1. 款式特点

如图 7-21 所示的女夹克合体，衣长较短。前中门襟装拉链开口，前后衣片有公主线收腰，且前衣片将公主线放在领口。前后片有过肩，不设肩线。领子为立领并加领襻，袖子为两片直身袖，袖口装有拉链。

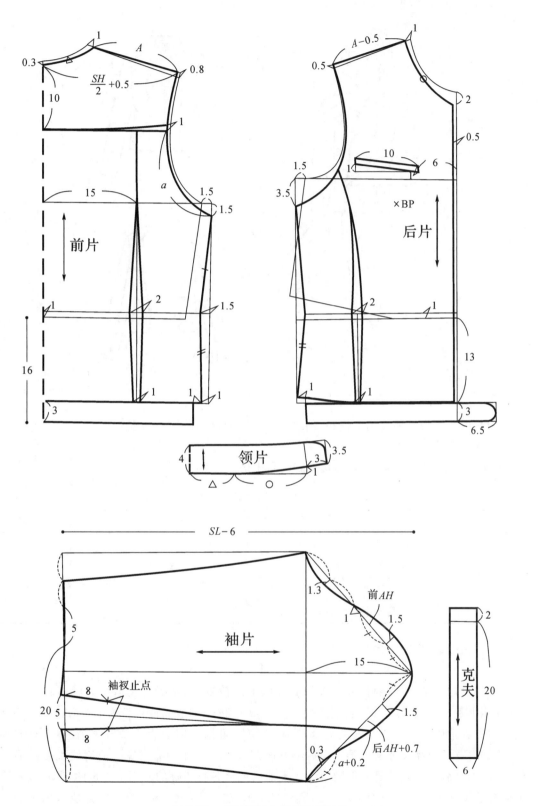

图 7-20 立领拉链女夹克结构设计

图 7-21　带领襻公主线分割女夹克款式

面料以选用带有弹性的牛仔布、斜纹布等棉布或涤棉混纺布为宜。

2. 规格设计

表 7-11 为带领襻公主线分割女夹克成品规格设计表。

表 7-11　带领襻公主线分割女夹克成品规格　　　　　（单位：cm）

号/型	部位名称	后中长	胸围	肩宽	袖长	袖口宽
	部位代号	L	B	SH	SL	SK
160/84A	净体尺寸	38	84	38	53	
	加放尺寸	14.5	12	0	2	
	成品尺寸	52.5	96	38	55	12

3. 结构设计（见图 7-22）

（1）衣片

使用衣片原型，衣身的长度在人体臀围以上的位置，制图时延长后中心线至腰节以下 15cm，并将腰节抬高 1.5cm。胸围放松量比原型大 2cm，即成品放松量为 12cm，这个放松度是合体夹克常用的尺寸。款式的肩部较为合体的，可以使用前后原型肩线，后肩没有肩胛省，根据肩宽的成品尺寸从后颈点向肩斜方向截取 $SH/2$ 作为后肩宽。前肩线长度＝后肩线长度，不设肩线。侧缝是根据腰节线上下前后侧缝各自相等的原则来确定的，前片腰节线上侧缝的长度为后片的长度＋2.5cm（其中 2.5cm 在公主线转移到公主线部位），剩余的量通过前底摆起翘的方法去掉。前后采用纵向公主线剖缝，从中收省，起到收腰作用，如

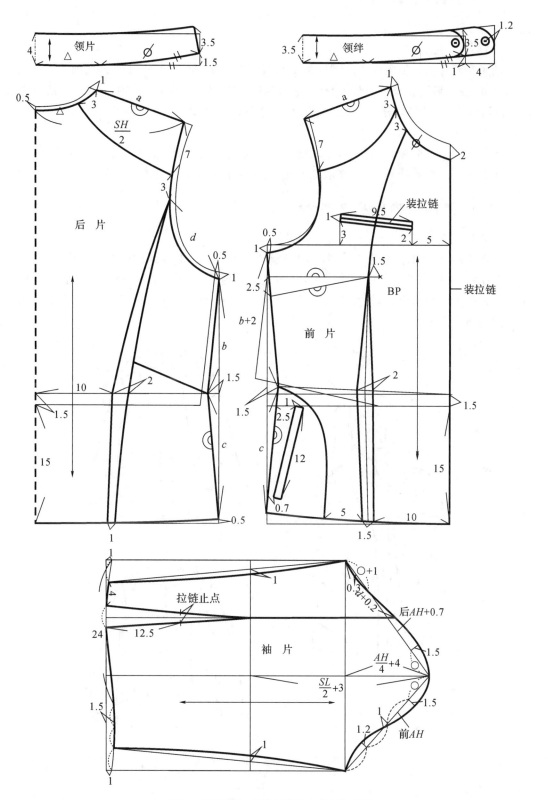

图 7-22 带领襻公主线分割女夹克结构设计

图 7-22 所示。

（2）袖片

袖子为两片袖。袖山高比原型的袖山高增加 1.5cm，即 $AH/4+4$cm。前袖山斜线长取前 AH，后袖山斜线长取后 $AH+1$cm，得到袖肥，并延伸至袖口。在袖口线上取袖口总长 24cm，剩余的量三等分，分别在袖下缝线及剖缝中收去，如图 7-22 所示。

（3）领片

领子为立领。取领高 4.0cm，量取前后领口弧线的长度，然后领头部起翘 1.5cm，用圆顺的弧线连接。领襻同领子，领高取 3.5cm，其中左侧增加 4cm 叠门，如图画领。

十二、带帽落肩休闲女外套

1. 款式特点

如图 7-23 所示的女夹克衣身较长，且宽松直身。前后通过公主线略微收腰，且在公主线上辑明线，休闲自然。前中门襟另装，其中夹入拉链。领子为立领，且装上可脱卸式两片帽子。袖子为两片落肩袖，袖克夫用罗纹。面料以选用带有弹性的牛仔布、斜纹布等棉布或涤棉混纺布为宜。

图 7-23　带帽落肩休闲女外套

2. 规格设计

表 7-12 为带帽落肩休闲女外套成品规格设计表。

表7-12 带帽落肩休闲女外套成品规格 （单位：cm）

号/型	部位名称	后中长	胸围	肩宽	袖长	袖口宽
160/84A	部位代号	L	B	SH	SL	SK
	净体尺寸	38	84	38	53	
	加放尺寸	37	28	10	−1	
	成品尺寸	75	112	48	52	10

3. 结构设计（见图7-24）

（1）衣片

使用衣片原型，衣身的长度在人体臀围以下的位置，制图时延长后中心线至腰节以下38cm。在原型的基础上再加放18cm（松身结构后半片比前半片大2cm，即前后差为1cm），即成品放松量为28cm，这个放松度是宽松外套常用的尺寸。肩部落肩5cm，有一定的松度，可将前后肩抬高1.0cm。根据肩宽的成品尺寸从后颈点向肩斜方向截取$SH/2+1.8$cm（其中0.5cm为归缩量，1.3cm为省道转移量）作为后肩宽。前肩线长度为后肩线长度-1.8cm。前后袖窿开落5cm，侧缝是根据腰节线上下前后侧缝各自相等的原则来确定（前片的腋下省2.5cm转移至领口），剩余的量通过前底摆起翘的方法去掉。前后纵向分割线在腰节处收省（前1.5cm，后2cm），起到收腰的作用，且前片在分割线上装插袋，长度15cm。

（2）袖片

袖子为落肩袖，袖长减去袖克夫长4cm。袖山高较低，取13cm。为使袖窿吃势接近为零，前袖山斜线长取前$AH-0.7$cm，后袖山斜线长取后$AH-0.5$cm，得到袖肥，并延伸至袖口，袖口两边各收去1.5cm，其余袖口大于20cm的作为抽褶量。罗纹袖克夫长度4cm，宽度20cm，如图7-24所示。

（3）领子

领子为立领，应先确定领高5cm，量取后领口弧线长与前领口弧线长，如图画领子。帽子从侧颈点向下取1.5cm，分别量取前后领口弧线长，如图7-24画帽子。

十三、连袖带帽中长大衣

1. 款式特点

图7-25为一款宽松的中长大衣，连袖带帽翻驳领，直身，底摆略微打开，适合做秋冬季节外套。该款可以选用全羊绒或全羊毛双面呢等面料制作。

2. 规格设计

表7-13为连袖带帽中长大衣成品规格设计表。

表7-13 连袖带帽中长大衣成品规格 （单位：cm）

号/型	部位名称	后中长	胸围	肩宽	袖长	袖口宽
160/84A	部位代号	L	B	SH	SL	SK
	净体尺寸	38	84	38	53	
	加放尺寸	49.4	28	2	4	
	成品尺寸	87.4	112	40	57	14

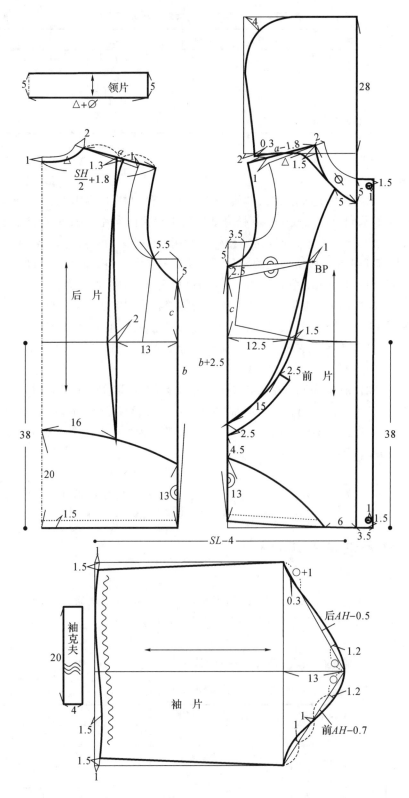

领片

后片

前片

袖克夫

袖片

图 7-24　带帽落肩休闲女外套结构设计

图 7-25　连袖带帽中长大衣

3. 结构设计(见图 7-26)

(1)衣片

使用衣片原型,衣身的长度考虑为中长大衣,在人体膝盖下一点的位置,故制图时延长后中心线至腰节以下 50cm。胸围放松量在原型的放松量基础上再增加 18cm,这个松度是在大衣中是常用尺寸。为使前身相对合体,后片放松量比前片大,取后侧缝加放 4.5cm,前侧缝加放 3.5cm,前后中线各放 0.5cm。后颈点开深 0.6cm,考虑面料厚度,侧颈点开大 2.0cm,并抬高 0.2cm,肩端点抬高 1cm。前侧颈点与后片相同,开大 2cm 并抬高 0.2cm,肩端点抬高 1cm。量取后肩宽=SH/2+0.7cm(归缩量)确定肩端点;取前小肩宽=后小肩宽-0.7cm(归缩量)确定前肩端点。后袖窿开深 4cm,前袖窿开深 5.5cm。前后公主线与前后袖窿插片相连,在公主线上收腰并使底摆略微放大,把前后侧缝和袖侧缝连成光滑的曲线,并使前后长度相等。

(2)袖片

根据直角三角形确定袖中线,在袖中线上量取袖长,前袖口取 13.5cm,后袖口取 14.5cm,如图画前后袖片。

(3)领片

领子按帽子领结构设计,帽子从侧颈点向下取 1.5cm,分别量取前后领口弧线长,如图画帽子。

十四、插肩袖翻驳领女风衣

1. 款式特点

图 7-27 为一款插肩袖翻驳领女风衣,其款式特征为基本直身造型,底摆略微打开,双排四颗扣,插肩袖翻驳领,后片及右前片用同色同料做挡风与装饰。

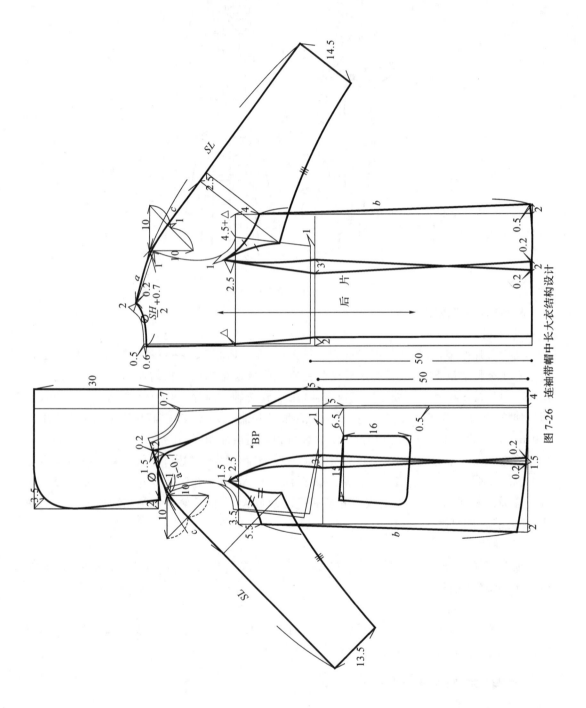

图 7-26　连袖带帽中长大衣结构设计

图 7-27　插肩袖翻驳领女风衣款式

面料可以采用粗纺花呢、各类大衣呢、麦尔登、双面呢等。

2. 规格设计

表 7-14 为插肩袖翻驳领女风衣成品规格设计表。

表 7-14　插肩袖翻驳领女风衣成品规格

（单位：cm）

号/型	部位名称	后中长	胸围	肩宽	袖长	袖口宽
	部位代号	L	B	SH	SL	SK
160/84A	净体尺寸	38	84	38	53	
	加放尺寸	51.5	27	4	4	
	成品尺寸	89.5	111	42	57	15

3. 结构设计（见图 7-28）

（1）衣片

使用衣片原型，衣身的长度考虑为中长大衣，在人体膝盖稍下的位置，故制图时延长后中心线至腰节以下 52cm。胸围放松量在原型的放松量基础上再增加 17cm，这个松度是外套常用的尺寸，为使前身相对合体，后片放松量比前片大，取其中后侧缝放 5cm，前侧缝加放 3cm，前中加放 0.5cm。后颈点开大 1cm，抬高 0.2cm，量取后肩宽＝$SH/2+1.5$cm（其中 0.7cm 为归缩量，0.8cm 为省道转移量）。前中心线倒伏 0.7cm，侧颈点开大 1cm 并抬高 0.2cm，后肩端点抬高 1.0cm 并量取前肩线长＝后肩线长－1.8cm（其中 0.7cm 为归缩量，1.1cm 为省道转移量）。后袖窿开深 4cm，前袖窿开深 5.5cm。前后侧缝底摆处放出 2.5cm，取前后侧缝长度相等并使底摆起翘。

（2）领片

领子为翻驳领，领腰高 3cm，倒伏量取 3cm，领面宽为 8cm。领口缺嘴如图 7-28 所示。

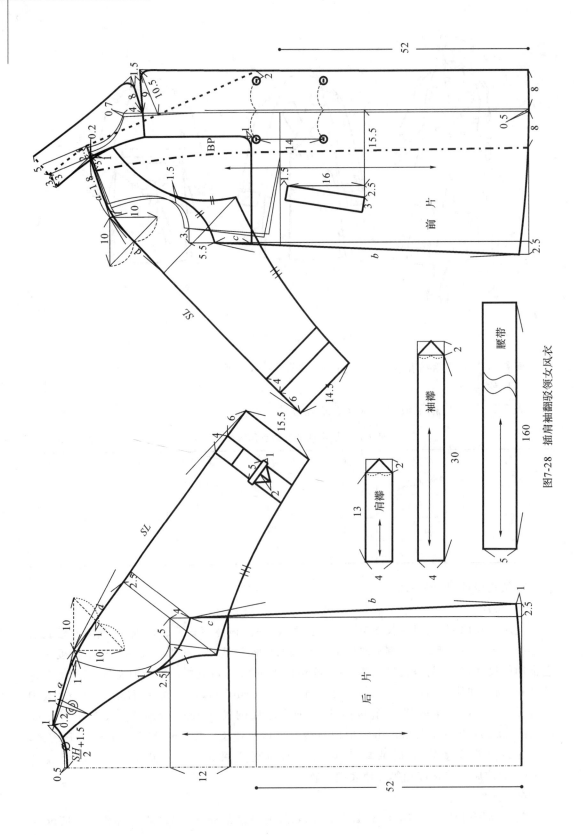

图7-28 插肩袖翻驳领女风衣

（3）袖片

袖子为插肩袖，如图画前后袖片，并确定袖口扣襻的位置。

十五、翻驳领 H 型女外套

1. 款式特点

图 7-29 所示为一款翻驳领 H 型女外套，其款式特征为直身造型，采用翻驳领、小落肩，一片合体袖裁剪。

面料采用双面呢，可以是纯羊绒或羊毛，也可以是毛粘混纺。

图 7-29　翻驳领 H 型女外套款式

2. 规格设计

表 7-15 为翻驳领 H 型女外套成品规格设计表。

表 7-15　翻驳领 H 型女外套成品规格　　　　　　　　　　（单位：cm）

号/型	部位名称	后中长	胸围	肩宽	袖长	袖口宽
160/84A	部位代号	L	B	SH	SL	SK
	净体尺寸	38	84	38	53	
	加放尺寸	51.5	24	6	4	
	成品尺寸	89.5	112	44	57	14

3. 结构设计（见图 7-30）

（1）衣片

使用衣片原型，衣身的长度考虑为中长大衣，在人体膝盖略下的位置，故制图时延长后

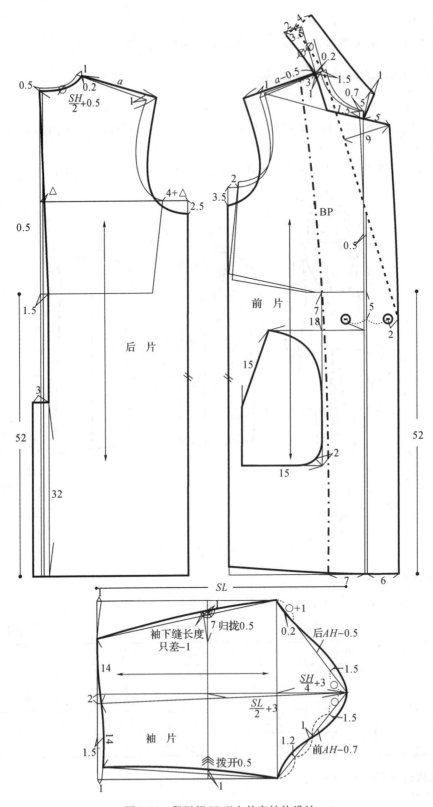

0.5

1

0.2

1

$\dfrac{SH}{2}+0.5$

a

1

△

0.5

4+△

2.5

1.5

52

3

32

后片

2

3.5

a−0.5

1

3

0.2

1.5

1

0.7

5

9

5

BP

0.5

前片

7

5

18

⊖

2

52

15

15

2

15

7

6

SL

1

归拢0.5

○+1

0.2

后AH−0.5

袖下缝长度
只差−1

14

−1.5

$\dfrac{SH}{4}+3$

2

$\dfrac{SL}{2}+3$

−1.5

1

14

1.2

前AH−0.7

1.5

14

袖片

1.5

拔开0.5

1

图 7-30　翻驳领 H 型女外套结构设计

中心线至腰节以下52cm。胸围放松量在原型的放松量基础上再增加14cm,这个松度在外套中常用,取后侧缝加放4cm,前侧缝加放2cm,前后中线放0.5cm。然后将前片原型倾倒0.7cm作为撇胸量。后颈点开落0.5cm,后侧颈点开大1cm并抬高0.2cm,后肩点抬高1cm并量取后肩宽=$SH/2+0.5cm$(归缩量)。前肩点开大1cm并抬高0.2cm,取前小肩宽=后小肩宽-0.5cm(归缩量)。后袖窿开落2.5cm,前袖窿开落3.5cm,取前侧缝长度=后侧缝长度,多余的量底摆起翘。后中心开叉,前片装大贴袋,如图所示。

(2)领片

领子按翻驳领结构设计,取后领腰2cm,领子倒伏量3.5cm,领面宽6cm,如图7-30所示。

(3)袖片

袖子为合体一片袖,小落肩,袖窿上辑明线,所以袖窿吃势很少。袖山高取$AH/4+3cm$,前袖山斜线长取前$AH-0.7cm$,后袖山斜线长取后$AH-0.5cm$,得到袖肥,如图画袖子。

十六、立领裙式女大衣

1. 款式特点

图7-31为立领裙式女式大衣,较为合体。上身收腰省,下身底摆放大,简洁大方。领子为大立领,中间剖开辑明线,时尚休闲。

图7-31　立领裙式女大衣款式

面料可以从防寒毛料中选择,如全毛或毛涤混纺呢料、全羊绒或混纺呢料。

2. 规格设计

表 7-16 为立领裙式女式大衣成品规格设计表。

表 7-16　立领裙式女式大衣成品规格　　　　　　　　（单位：cm）

号/型	部位名称	后中长	胸围	腰围	臀围	肩宽	袖长	袖口宽
	部位代号	L	B	W	H	SH	SL	SK
160/84A	净体尺寸	38	84	66	90	38	53	
	加放尺寸	58	18	18	14	2	4	
	成品尺寸	96	102	84	104	40	57	14

2. 结构设计（见图 7-32 和图 7-33）

（1）衣片

使用衣片原型,衣身的长度考虑为中长大衣,在人体膝盖下的位置,故制图时延长后中心线至腰节以下 60cm。胸围放松量在原型的放松量基础上再增加 8cm,考虑到合体性,其中后侧缝加放 1cm,前侧缝加放 2cm,前后中线放 0.5cm。由于面料的厚度,领子较大,前后侧颈点开大 3cm,抬高 0.2cm,前后肩端点肩抬高 1.0cm,量取后肩宽＝$SH/2+0.5cm$（归缩量）,取前小肩宽＝后小肩宽－0.5cm（归缩量）。后中心腰部收去 2cm,量取后腰围大＝$W/4-1.5cm$（前后差）＋3cm（省道）＝c,前腰围大＝$W/4+1.5cm$（前后差）＋3cm（省道）＝d。后袖窿开落 1.5cm,前袖窿开落 2.5cm,取前侧缝长度＝后侧缝长度,多余的量底摆起翘。前中心叠门取 2.5cm。腰部以下部分分别取前后腰围大 c、d,臀围部位取 $H/4$ 大,画顺前后侧缝。然后将前后片省道 3cm 进行折叠,将其转移至底摆,见图 7-33。

（2）袖片

袖子为两片袖。袖山高比原型的袖山高增加 2cm,即 $AH/4+4.5cm$,前袖山斜线长取前 AH,后袖山斜线长取后 $AH+1cm$,得到袖肥,并延伸至袖口。在袖口线上取袖口总长 25cm,剩余的量三等分,分别在袖下缝线及剖缝中收去,如图 7-32 所示。

（3）领片

领子采用立领结构,由于领腰较大（后中心 7cm,前中心 9cm）,上领口比下领口大,所以领子向下弯曲,量取前后领口弧线长,并取后中心上升量为 3cm。领子叠门 2.5cm。领子居中横向分割,辑明线、钉纽扣。

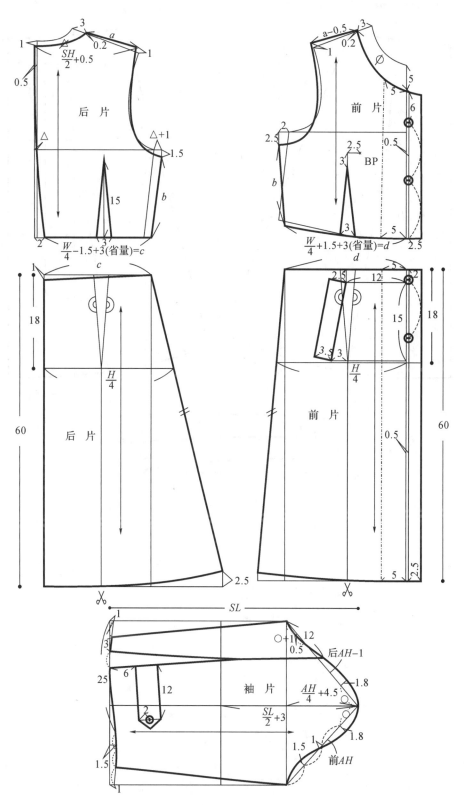

图 7-32　立领裙式女大衣结构设计(一)

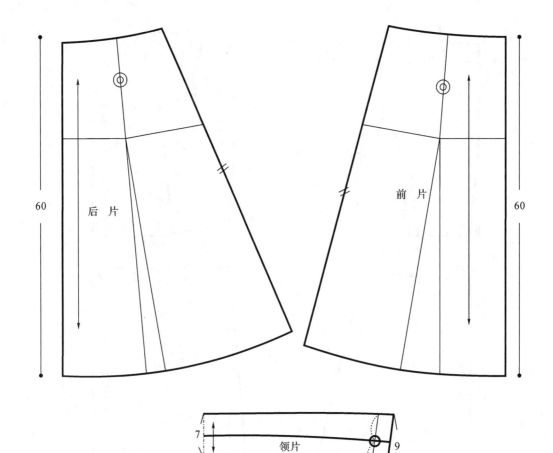

60

后　片

60

前　片

7

领片

9

2

2.5

图 7-33　立领裙式女大衣结构设计（二）